KB144841

생명의 이름

생명의 이름

권오길

달팽이 박사의 생명 찬가

사이언스
SCIENCE
BOOKS 북스

(44)

라는 (것)

에   들에

가   의도 저

는 것   같다.

선생(님)

아 닌

하면

사람이

선생   방선생   없다

하고   들이   다그지

뜻까지   뜻이   볼 일

생님은   별   박사

우리 사회에서   외국에서

다,   외국에서   그렇다.

교육만 해도 그렇다.

같이 되기   싫은

사람도   어떤 때는   행이

하면서, 나도   아껴쓰다.

들은   때는

국은   때도   생로   사기들은

머리말

옛날에 비해 글쓰기가 참 많이 쉬워졌음을 털어놓지 않을 수 없다. 무엇 하나를 찾으려면 『이희승 국어 대사전』을 한 장 한 장 들춰야 했고, 그 때문에 그간 사전 세 권을 말아먹었다. 종이가 피고, 구겨지고, 말려서 더 이상 쓸 수 없이 누더기가 되도록 넘기고 넘겼다. 물론 기념으로 그 사전을 남겨 두었는데, 지금 봐도 모르는 낱말을 찾아 무던히도 헤맸다는 생각이 든다. 하지만 지금은 정보의 바다 인터넷에 탁 치면 턱 뜨니 얼마나 편리하고 빠른지 모른다. 참 좋은 세상이다!

또 전에는 원고지에 손으로 일일이 써 넣었고, 고쳐 다듬느라 줄을 찍찍 그었으며, 또 글발을 살리느라 원고지 위에 거미줄이 이리저리 엉키곤 했지. 그러나 지금은 컴퓨터로 쳐서 끼워 넣고, 빼고, 바꾸는 것이 누워서 떡 먹기다. 활자 문명의 혁명이라고나 할까?!

글 쓰는 사람치고 수많이 읽지 않는 사람 없다. 사실상 읽기 위해 읽는 게 아니라 쓰기 위해 읽는다. 무슨 말인고 하니 글의 맥이나 말의 쓰임새 등을 눈여겨보게 될뿐더러 새로운 단어나 잊었던 어휘를 채집하느라 읽는다. 라디오를 듣거나 텔레비전을 볼 때도 매한가지다.

어언간 30여 년에 걸쳐 50권이 넘게 '생물 수필(bio-essay)'을 쓰고 있다. 덕분에 중학교 2학년 국어 교과서에 「사람과 소나무의 인연」이란 글이, 또 초등학교 4학년 국어 교과서에 「지지배배 제비」란 글이 여러 해 동안 올랐던 적이 있다.

아무도 이런 글을 쓰는 이가 없기에 꼭 내가 하지 않으면 안 되는 숙명적인 업(業)이 되고 말았다. 생물학에 흥미를 느끼게 하는 일종의 과학 전도사라고나 할까. 나이가 나이인지라 가끔은 힘이 부치지만 그래도 글 쓰는 재미로 힘든 줄 모르고 눈만 뜨면 컴퓨터 앞에 틀어박힌다.

누가 뭐라 해도 글을 쓰면서 가장 즐거운 것은 새로운 것을 배우고 깨닫는 재미다. 앎의 기쁨이라니! 글을 쓰자면 모르는 것을 찾고, 뒤져야 한다. 그러면서 여태 몰랐던 것을 아는 순간에 삶의 깊은 희열을 느낀다. 오래오래 살아서 그런 기쁨을 길게 누리고 싶다.

『생명의 이름』은 《조선일보》 토일섹션 「Why」와 《월간중앙》에 연재한 「달팽이 박사의 생물학 이야기」와 「권오길이 쓰는 생명의 비밀」의 글들을 고르고 다듬은 것이다. 격주로 다달이 써야 했지만, 수많은 독자를 만날 수 있어 기뻤다. 하지만 읽는 이들 거의가 과학 하면 두드러기가 돋는 분들인지라 쉽게 읽히도록 쓰는 것이 무척 어려웠다. 하여 책으로 엮어 내면서 정지용 시인이 쓴 「향수」의 노랫말을 따라 부를 나누어, 생명이 숨겨 온 비밀의 문을 열고 자연의 품으로 돌아가는 길을 조금이라도 수월하게 하고자 했다.

『생명의 이름』은 주변에서 흔히 만나는 글거리를 찾아서 머리를 싸매고, 짜서 누구나 힘들이지 않고 쉽게 읽게끔 나름대로 쓴다고 쓴 글 모음이다. 여러 독자들께 많이 읽히길 바라는 마음 간절하다.

차례

5부

까마귀 우지짖고 지나가는 지붕

1부

넓은 벌 동쪽 끝

벼 이삭 익을수록 고개를 숙이니

벼, *Oryza sativa*

「농가월령가」 9월령이 "9월이라 계추(늦가을) 되니 한로 상강 절기로다. 제비는 돌아가고 떼 기러기 언제 왔는가."로 시작하는데, 10월 8일이 찬이슬 내리고 한창 추수한다는 한로(寒露)다. 하여 그즈음 남도에서도 알알이 영근 벼(나락) 베기를 시작할 것이다. 벼가 익기 전에 풋바심한 꼬들꼬들한 찐쌀을 주머니에 넣고 다니면서 질근질근 씹었는데, 생각할수록 고소하고 달착지근한 그때 그 쌀 맛이 입안에 한가득 돈다. 쌀 한 톨에도 만인의 노고가 담겼고, 천지의 은혜가 스며 있으며, 넓은 우주가 들어 있다고 한다. 농자천하지대본(農者天下之大本)이라!

아무튼 농촌 경제 연구원에 따르면 2013년 벼농사는 전해보다 5퍼센트가량 늘어나 풍년이 들었는데, 9월 등숙기(登熟期, 곡식이 여무는 시기)에 태풍이 없었던 것도 빼놓을 수 없다 한다. 아무렴 누가 뭐래도 농사는 하늘이 짓는 것. 그런데 이미 우리나라 일부에서 벼를 이기작(二期作, 같은 농장에 1년에 2회 동일한 농작물을 재배하는 것을 말한다.) 하고 있다니, 지구 온난화가 결코 나쁜 것만은 아닌 듯. 예전엔 가을걷이 끝나면 벼메뚜기, 논고둥(논우렁이), 미꾸라지 잡기 하고, 이삭줍기도 빼놓지 않았는데……

벼는 원산지가 중국 주장 강(珠江)일 것으로 추정되며, 크게 차지면서 씨알이 짧은 우리가 먹는 일본 품종(Japonica type)과 점도가 낮아 밥알이 풀풀 따로 노는 길쭉한 인도 품종(Indica type)으로 나뉘는데 그중 90퍼센트를 인도 품종인 안남미가 차지한다. 또한 벼는 배젖(배유)의 특성에 따라 쌀알에 찰기가 적은 메벼와 차진 찰벼로 나뉘며, 멥쌀은 주로 밥쌀용으로, 찹쌀은 떡쌀용으로 쓴다.

벼는 외떡잎식물, 볏과(화본과)의 한해살이풀로 줄기는 반듯하게 자라고, 꽃은 암수갖춘꽃(양성화)으로 수술 여섯 개와 암술 한 개가 들었다. 함께 볏과에 드는 세계 3대 곡물인 밀과 옥수수도 다행히 벼처럼 풍매화로 제꽃가루받이(자가 수분)한다. 꽃가루받이(수분)를 도맡은 꿀벌의 70~80퍼센트가 마구 죽어 나자빠지는 판인데, 혹시나 이들이 충매화라 꿀벌 신세를 지는 타가 수분을 하였다면 어쩔 뻔하였나.

가문 논 물꼬에 물 들어가는 것과 배고픈 자식 입에 밥 들어가는 것이 제일 보기 좋단다. 논벼 뿌리가 물속에 있는지라 넉넉히 공기(산소)를 얻을 수 없으므로, 잎의 기공(氣孔)으로 든 공기가 줄기를 타고 내려가야 하기에 줄기속이 비었다. 짚은 생활의 고갱이로서 여물 쑤는 데 으뜸이요, 또한 그것으로 새끼 꼬고, 새끼를 엮어 덕석과 멍석을 짰다.

생명의 이름

더 나아가 지붕 이엉을 이었고, 둥우리를 만들었으며, 작두로 토막 내 황토에 버무려 담벼락을 쌓았지. 뭐니 해도 사랑방에서 죽치고 앉아 짚신짝 삼던 생각이 머리를 떠나지 않는다.

벼 이삭은 익을수록 고개를 숙인다고 하였다. 벼는 염색체가 24개이며(2n=24), 이삭 하나에 낟알이 보통 150~160개가 달린다. 그리고 탄수화물 대 단백질 대 지방의 비(퍼센트)가 쌀은 80 대 7.1 대 0.7, 밀은 71 대 12.6 대 1.5, 옥수수는 74 대 9.4 대 4.8로 셋을 비교하면 단연 탄수화물은 쌀, 단백질은 밀, 지방은 옥수수에 많다.

입쌀을 뜻하는 한자 미(米)를 파자(破字)하면 '八十八'로 벼 낟알 하나를 얻는 데 88번의 손질이 간다는 뜻이며, 알다시피 88세를 미수(米壽)라 한다. 곱게 운명(殞命)하거나, 잡았던 권력이나 누렸던 호강이 하루아침에 몰락할 때 "짚불 꺼지듯 한다."고 한다. 태어나 엄마젖 말라 쌀미음 먹고 살아나, 긴긴 평생을 밥만 축내더니만, 어느덧 늙어 빠져 머잖아 반함(飯含, 염습 때 죽은 사람의 입에 구슬이나 쌀을 물리는 것을 말한다.) 쌀을 한입 머금게 생겼네.

감자의 뜨거운 생명력

감자, *Solanum tuberosum*

초봄에 파종해 장마 전에 수확하는 감자를 하지 감자라 한다. 그런데 올해 내 감자 농사는 하도 가뭄을 타 실농이었다. 그래도 포기마다 죽기 살기로 후사(後嗣)를 잇겠다고 새알만 한 것들을 한두 개씩 매달고 있었다.

"감자 밭에서 바늘 찾는다."란 아무리 애써도 성과 없는 헛수고를 이르는 말이다. 또 막 굽거나 찐 감자를 먹고 싶으나 그야말로 너무 뜨거워서 이러지도 저러지도 못하는 진퇴양난의 상황을 일러 '뜨거운 감자(hot potato)'라 한다지.

씨감자를 사 왔다. 농사는 과학이요, 예술이다. 맨 먼저 잘 드는 칼을 불에 달궈 혹시 모를 바이러스나 세균을 죽인다. 감자 한쪽 끝자락에 촘촘히 붙은 자잘한 눈들은 몽땅 가로로 잘라 버리고, 몸통에 띄엄

띄엄 나 있는 싹눈이 한두 개씩 들게 두세 조각을 낸다. 그래야 몇 안 되는 줄기가 한결 튼실하고, 굵은 감자알이 열린다. 하루 이틀 그늘에 두어 잘린 자리의 끈끈한 속진이 꺼덕꺼덕 마르면 잘 일군 밭에 심는다.

어느새 통통한 연두색 감자 순이 흙 더께를 밀고 올라왔다. 궁금증이 동하여 흙살을 걷어내 본다. 그럼 그렇지! 벌써 하얀 실뿌리를 어미 감자 잔등에 사방팔방으로 내렸고, 놀랍게도 좁쌀만 한 감자 새끼들이 이미 매달렸다!

감자는 남아메리카 안데스 산맥 지대가 원산지다. 같은 가짓과(科)에는 고추, 토마토, 담배, 꽈리 따위가 있다. 무엇보다 이것들의 꽃이 서로 빼닮았으니 과연 유연 관계(類緣關係)가 가까운 생물일수록 생식기도 흡사하다. 그런데 감자는 줄기가 변한 괴경(塊莖, 덩이줄기)이고, 고구마는 뿌리가 변한 괴근(塊根, 덩이뿌리)이다. 감자 덩이는 매끈하면서 뿌리가 따로 나는데 고구마 덩이는 자체에 잔뿌리가 더덕더덕 붙어 있지 않던가.

6월경이면 긴 꽃대가 너푼너푼 올라와 별꼴의 감자 꽃이 온 밭에 흐드러지게 핀다. 샛노란 다섯 개의 수술이 암술 하나를 둘러싸고, 다섯 갈래로 갈라진 꽃잎은 품종에 따라 흰색, 자주색, 붉은색으로 달린다. 감자 꽃도 애써 따 줘야 감자 덩이에 양분이 쏠려 알이 굵다랗다. 또 꽃이 진 자리에 토마토 닮은 진녹색 열매가 열리니 그 씨앗을 씨감자나 품종 개량에 쓴다.

스치기만 해도 감자 잎줄기에선 고약한 냄새가 난다. 그리고 감자 움싹이나 빛에 새파래진 감자에는 알칼로이드 물질인 솔라닌(solanine),

차코닌(chaconine)같이 독성을 띠는 자기 방어 물질이 있어서 두통, 설사, 경련 들을 일으키므로 먹지 말아야 한다. 그런데 딴 것들은 범접도 못 하는데 유별나게 28개의 등짝점이 난 큰이십팔점박이무당벌레만 달려 들어 잎을 마구 갉아먹는다. 무당벌레면 다 진딧물을 잡아먹는 줄 알 았던 내가 바보지.

감자는 세계적으로 쌀과 밀, 옥수수 다음으로 많이 재배·생산된다. 감자는 밥거리가 됨은 물론이고 소주나 당면에도 들어가며, 감자떡과 부침개, 조림, 튀김, 전, 국, 샐러드, 칩 등 쓰임새도 무지 많다.

절미(節米)하느라 그랬지. 곱삶이 보리밥 밥사발에서 애 주먹만 한 감 자 한 톨을 젓가락으로 쿡 찍어 들어 내면 정말이지 땅 꺼짐처럼 뻥 뚫 린다. 그리고 날이면 날마다 싹, 싹, 싹, 감자 껍질 벗기느라 멀쩡한 숟가 락이 닳아빠져 한복판이 움푹 파인 모지랑숟가락이 되고 만다. 물렁 한 감자가 야문 쇠를 먹다니!? 또 벗겨진 감자 맨살이 공기에 닿으면 멜 라닌(melanin) 색소가 생겨 검어지므로 곧장 물에 담근다.

누군가가 여름 감자 몇 알을 신문지에 싼 채 부엌 한구석에 처박아 두었단다. 깜박하고 있다가 이듬해 늦봄에야 알아차리고 퍼뜩 열어 봤 더니만 뽀얀 실오라기 뿌리들이 타래로 뒤엉켰고, 놀랍게도 군데군데 콩알만 한 새하얀 새끼 감자가 조랑조랑 매달렸더란다. 얼마나 햇빛, 물이 그리웠을꼬. 이렇듯 생물들은 하늘이 무너져도 새끼치기를 하려 든다. 이렇게 종족 보존의 비원이란 숭고하고 아름다운 것을!

돼지감자가 세상을 바꾼다

뚱딴지, *Helianthus tuberosus*

낮에는 따끈따끈하고 밤에는 썰렁썰렁하여 일교차가 심한 계절이라 가을 채소인 무·배추가 쑥쑥 자라고 과일도 탐스럽게 영근다. 다달이 키를 재어 보면, 대체로 아이들의 자람도 밤낮 기온차가 큰 봄가을에 일어나는 것을 안다. 사람이나 식물도 주야가 푹푹 찌는 한여름에는 성장을 멈추고 살아남기에 급급하였던 것. 그리고 이맘때면 산야가 온통 국화과 식물 꽃으로 뒤덮이니 그중에 '돼지감자'라는 것이 있다.

내가 있는 춘천 애막골의 샘터나 밭가 여기저기에 무더기 무더기로 난 키다리들이 비로소 샛노란 꽃망울을 터뜨리기 시작하였다. 돼지감자(국우(菊芋)라고도 한다.)는 국화과(科), 해바라기속(屬)의 다년초이며, 해바라기 일종으로 북미 원산인 귀화 식물이다. 후리후리하고 꼿꼿한 줄기는 족히 3미터에 달하고, 뚱딴지처럼 줄기 아래 잎은 마주나기를 하지만 위로 오르면서 어긋나기를 한다. (마주나기와 어긋나기는 각각 대생(對生)과 호생(互生)으로도 불린다.) 원줄기와 곁가지 끄트머리에 해바라기 꽃보다 훨씬 작은(지름 2~4센티미터) 두상화(頭狀花, 꽃대 끝에 꽃자루 없이 많은 꽃이 모여 피는 머리꼴을 한 꽃)가 여럿이 주렁주렁 달린다. 한마디로 '꼬마 해바라기 꽃'인 셈이다.

돼지감자, 해바라기, 코스모스(살살이꽃) 따위의 국화과 식물은 죄다 큼지막하고 둥그런 원반 모양의 꽃송이 바깥에 씨를 맺지 못하는(불임성(不稔性)이라는 한자어를 아시는가?) 혓바닥 닮은 커다란 헛꽃(설상화(舌狀花), ray flower) 여러 개가 한 바퀴 빙 둘러 난다. 헛꽃은 돼지감자가 얼추 10~12장, 해바라기는 넉넉잡아 25~500개, 살살이꽃은 고작 8개다. 그리고 그 중심에 자잘하고 빽빽하게 박힌 꼴같잖은 꽃이 참꽃(관상화(管狀花), disk flower)인데, 참꽃은 암술·수술 모두를 가진 양성화라서 씨를 맺는다. 참꽃은 돼지감자에 무려 50~60개, 해바라기에는 자그마치 300~1,000개, 살살이꽃에는 돼지감자와 맞먹는 50~70개가 달린다. 참꽃 하나를 뽑아 보면 끝이 둘로 짜개진 암술이 있고 아래 꽃대에 수술이 붙었다. 따라서 참꽃의 개수와 알알이 익은 씨앗 수가 같다. 사람들은 뜬금없다 하겠지만 이것들을 따서 낱낱이 헤아리고 있으면 시간 가는 줄 모른다.

그러면 불임인 주제에 헌걸차고 싱그러운 헛꽃은 왜 매달고 있단 말인가? 이는 국화, 쑥부쟁이, 산국 같은 국화과 식물도 하나같이 관상화가 발달하지 않아서 봉접(蜂蝶)들이 저들을 알아보지 못하기에, 커다란

생명의 이름

꽃부리를 달아 "어서 와요, 나 여기 있소." 하고 알리고 있는 것이다. 거참, 하찮아 보이는 푸새들도 예사롭지 않구나!

그런데 돼지감자 뿌리를 슬슬 캐어 들면 아연 놀랍게도 땅속줄기 끝에 감자 닮은 덩이뿌리가 달려 있으니 이를 '돼지감자' 혹은 '뚝감자'라 한다. 감자처럼 동글동글, 몽글몽글하지 못하고 생강(生薑)같이 길쭉하거나 울퉁불퉁하며 결이 거칠다.

아마도 감자보다 질이 좀 떨어지거나, 아니면 주로 돼지 사료로 썼기에 돼지감자라는 남다른 이름이 붙었을 텐데, 괴상하게도 하늘(줄기)에는 해바라기 꽃들이 매달리고, 엉뚱하게도 땅(뿌리)에는 감자를 뒤룽뒤룽 매단 것이 이상야릇하고 생뚱맞다. 그렇기에 돼지감자를 '뚱딴지'라 그럴싸하게 부르게 되었다. 이는 행동이나 사고방식 따위가 엉뚱한 사람을 놀림조로 이르거나, 고집 세고 무뚝뚝한 사람을 비꼴 때도 쓴다.

그렇다고 뚱딴지가 시쁘고 허투루 볼 만한 하찮은 작자는 아니다. 사료로 쓰이는데다 새삼스럽게 생물 연료(에탄올)를 생산하고, 또한 천연 인슐린(insulin)인 이눌린(inulin)이 듬뿍 들어 당뇨병에 탁월한 효과가 있다 하여 식용으로 인기를 끈단다. 이렇든 저렇든 세상은 노상 생뚱맞고 엉뚱한 짓을 하는 괴짜 뚱딴지들이 바꿔 놓았고, 또 새로 바꿀 것이다. 보통 사람은 그저 보통일 뿐.

천연 방부제 고추

고추, *Capsicum annuum*

5월 초 텃밭에다 김장용 고추 말고도 꽈리고추, 피망(piment), 파프리카(paprika), 오이고추 등의 고추 모를 신명나게 심고 나면 내 허리가 아니다. 그러고도 뒤치다꺼리가 남아 고춧대에 버팀목 대 주고, 밑동에 난 곁순을 쳐 두었더니만 뭉실뭉실 커서 지금은 Y자로 나뉘는 방아다리 가지가지 사이에 접시처럼 생긴 흰 꽃이 한 밭 가득하다. 녹색인 꽃받침은 다섯 갈래로 갈라지고, 꽃잎도 다섯 개며, 길쭉한 암술 한 개에 수술 다섯 개가 가운데로 모여 달렸다.

고추(hot pepper)의 학명(學名)은 *Capsicum annuum*인데, 속명(屬名)인 *Capsicum*은 그리스 어 '매움'에서 유래하였고, 종명(種名)인 *annuum*은 '한 해(1년)'라는 뜻이다. 고추는 남아메리카 볼리비아가 원산지로 우리나라에서는 겨울나기를 못하기에 한해살이풀로 여겨지지만, 더운 곳

생명의 이름

에서는 여러해살이라 고추나무라는 표현이 맞다. 고추는 가짓과(科) 식물로 감자, 토마토, 가지, 담배가 같은 과에 속하고, 그것들끼리는 꽃이 서로 무척 닮았다.

풋고추의 초록색은 엽록소(葉綠素, chlorophyll) 때문이지만 고추가 영글면서 엽록소 분자는 분해되거나 다른 물질로 변한다. 고추가 빨개지는 것은 다른 과일이 그렇듯이 짐승의 눈을 끌어, 먹혀서 씨를 널리 퍼뜨리자는 심사다. 탐스러운 빨간 고추에는 라이코펜(lycopene), 카로틴(carotene)과 같은 항산화 물질과 여러 가지 비타민이 있는데, 특히 풋고추에는 귤보다 4배나 더 많은 비타민 C가 들었다고 한다.

가을도 되기 전에 푸른 풋고추는 익어 가면서 새빨간 물고추가 되니 그것은 캅산틴(capsanthin) 색소가 생겨난 탓이고, 고추가 매운 것은 캅사이신(capsaicin, 고추의 속명인 *Capsicum*에서 따온 것이다.)이라는 물질 때문이다. 캅사이신은 색과 향이 없으며, 물에 잘 녹지 않고 기름에 녹는다. 그러므로 매운 고추를 먹고 나서 통증이 심하면 물을 먹지 말고 식용유 같은 것을 혀끝에 묻혀 가시는 것이 옳다. 그런데 사실은 매움과 뜨거움을 감지하는 작동 원리가 같아 서양인들은 매울 때 'hot'이라는 말을 쓴다. 알다시피 매움은 맛이 아니라 일종의 통증으로, 손등에 고추를 문지르면 따갑지만 설탕물이나 식초를 바르면 아무 느낌이 없으니 이를 알 만하다.

약 오른 고추가 얼마나 맵기에 옛날 어른들이 고초(苦草)라 하였겠는가. 알다시피 고추는 끝 쪽보다는 밑(줄기) 쪽이 더 맵다. 물론 그 매움은 고추가 다른 세균이나 곰팡이 같은 미생물이나 곤충에 먹히지 않기 위해 만들어 놓은 자기 방어 물질인 것인데, 그 때문에 알고 보면 고추, 후추, 겨자 따위는 모두 천연 방부제인 것이다.

한국의 여러 고추 품종 중에서는 청양고추가 맵기로 유명하다. 참고로 청양고추의 '청양'은 충청남도 청양이 아니고, 유명한 고추 주산지인 경상북도의 청송과 영양의 첫 자를 딴 것이라 한다.

큰 축에 드는 고추나무 앞에 철부지처럼 펄썩 퍼질러 앉아, 몸을 구부려 고개를 치켜뜨고 낱낱이 매달린 고추를 헤아렸더니 어림잡아 한 그루에 70~80개가 열렸다. 그리고 새빨갛게 익은 고추 주머니에는 노란 동전(씨알)이 자그마치 145개나 들어 있었다. 그래서 고추씨 하나를 심어서 몇 개의 새끼 씨를 얻는지 봤더니만 75×145=10,875, 무려 1만여 개가 된다. 정말 다산(多産)이다!

생명의 이름

누가 호박꽃을 못났다 했던가

호박, *Cucurbita moschata*

흔하면 천대받는 법. 공기와 물이 너무 풍족하여 대접받지 못하고, 이들이 귀한 줄을 사람들이 모른다. 흔히 아름답지 못한 사람을 놓고 "호박꽃도 꽃이냐."라고 얄밉게 빈정거리는데 천만의 말씀. 농가 어디서나 죽죽 뻗어 나간 호박이 열 마디만 넘으면 흐드러지게 꽃을 피워 대니, 너무나 흔해 빠진 것이 호박꽃이라 그렇게 조롱하는 말이 생겨 났다. 하지만 실제로 호박꽃은 노란 오렌지색에다 통통한 것이 무척 아름답고, 한마당 피어 있으면 단연코 장관이다. 꿀샘에 꿀이 흥건하여 꿀벌이나 호박벌이 즐겨 찾는 호박꽃을, 어느 고얀 사람이 못되게 비꼬았을꼬.

호박은 박과의 덩굴성 한해살이풀로 남아메리카 원산이다. 익은 과피(果皮)가 딱딱하고 노란색인 동양 호박이 우리나라에서 가장 많이 키

생명의 이름

우는 품종이고, 그밖에도 쪄 먹는 서양 호박, 덩굴이 없는 호박 등 크게 세 품종이 있다 한다. 딱히 곡식 심기 어려운 가풀막 비탈이나 논밭, 울타리 등 공터만 있으면 호박 구덕을 파고 심으니 동네마다 온통 호박밭이 즐비하다.

줄기와 잎에는 까칠까칠한 센털(강모(剛毛)라는 한자어도 있다.)이 가득 나 있어 맨살에 스치거나 긁히면 생채기가 날 정도다. 또한 질긴 덩굴의 단면은 오각형이며, 줄기가 변한 덩굴손으로 다른 물건을 거머쥐고 올라간다. 심장형인 잎은 어긋나기 하고, 꽃잎은 끝이 다섯 개로 갈라지며, 암꽃과 수꽃이 따로 피는 암수딴꽃(단성화(單性花)라고도 한다지?)으로 암꽃에는 앙증스럽게도 알사탕만 한 파란 꼬마 씨방을 아래에 두고 꽃잎이 자리한다.

호박은 참 쓸모가 많다. 꽃은 따서 전을 부쳐 먹고, 애호박은 통째로 가로 잘라 전을 부치며, 더 자란 놈은 데쳐서 나물로 무쳐 먹고, 누렁이는 호박죽을 끓인다. 줄기 끝자락의 연한 이파리는 얄은 불땀에 데쳐서 쌈으로 먹고, 된서리 내릴 무렵의 끝물 암꽃은 통째로 따서 된장에 넣으며, 어린 호박은 따서 호박오가리(고지)로 말려 갈무리하였다가 겨울나물을 한다.

"어린 호박에 손가락질하면 썩듯이 사람도 손가락질받으면 오래 살지 못한다."고 한다. 그리고 "호박이 궁글다."란 호박 속이 차지 못하고 텅 비었다는 뜻으로 머릿속에 든 것이 없음을 이르는 말인데, 비슷한 뜻을 가진 영어 'pumpkin head'도 그런 데에서 연유하였을 터.

그런데 몇 팔 길이밖에 안 되는 호박 덩굴에 남세스레 조막만 한 호박 하나를 딸랑 매달고 시들시들 죽어 가고 있다. 열악한 환경에서 서둘러 자손을 남기고 죽는 것은 비단 호박만의 일이 아니다. 제 생명이 위험하다 싶으면 무슨 수를 써서라도 씨를 남기려 든다. 갓 잡아 올린 피라미나 대구 암컷들이 알을 쏟아 버리는 것도 다 생명이 위태로울 때 보이는 종족 보존 반응이렷다.

호박, 오이, 가지는 다 꽃다지(맨 처음 열린 열매)는 따 준다. 그래야 영양 기관인 잎줄기가 넉넉하게 자라서 많은 열매를 맺을 수 있는 법. 애호박이 열리는 족족 따 먹다 보면 무서리가 내릴 때까지 성성하게 넝쿨을 뻗으면서, 생기 나는 새잎이 돋고 열매를 맺는다. 그런데 놀랍게도 바로 옆 누렇게 늙은 청둥호박을 매달고 있는 줄기는 이미 초가을에 바싹 말라 버렸다. 앞의 것은 여태 종자를 남기지 못하였고, 뒤의 것은 이미 후사(後嗣, 후손)를 남겼기 때문이다.

아무렴 늙었다고 노인 행세 하다 보면 퇴물(退物)이 되기 쉬우나니, 늘 마음을 젊게 먹고 하루하루를 새롭게 적극적이고 능동적인 삶을 살렷다. 그러나 어이할까나, 거를 수 없고 거스를 수 없는 것이 세월이요, 나이인 것을.

생명의 이름

선인장, 적응의 도사

선인장, *Opuntia ficusindica*

집집마다 어떤 종류이든 관계없이 한두 종의 선인장을 키우고 있다. 선인장 하면 사막을 연상케 하며, 더위와 가뭄에 강한 것이 특징이요, 잎을 가시로까지 바꿔(퇴화) 버리는 적응의 도사로, 주위 환경과 조화를 이루며 산다. 나도 한때 선인장에 미쳐 족히 200종 넘게 모아 꽃 피우고 씨받아 새끼치기를 하였고, 접목 선인장도 만들어 키워 봤다. 무엇보다 한겨울 보관이 어려운 것이 탈이었지만, 키우는 재미 쏠쏠하였으니, 자잘한 씨앗을 보드라운 흙에 뿌리고, 투명한 유리판을 씌워 싹틔운 기억도 난다.

선인장(仙人掌, 한자어를 풀자면 '신선의 손바닥'이라 한다지.)이란 쌍떡잎식물, 선인장과에 속하는 여러해살이 초본 식물을 총칭하며, 대개 잎이 없어진 다육질의 줄기를 가진 현화식물(顯花植物, 꽃식물)로 엽록체를 품은 녹색

줄기에서 광합성을 한다. 수분(受粉, 꽃가루받이)은 곤충(주로 벌)이나 벌새(humming bird), 박쥐 등이 매개하고, 씨앗은 열매를 먹은 새들의 대변이나 깃털에 묻어서, 또 바람을 타고 퍼지지만 개미도 한몫을 한다.

멕시코 등지의 사막에서는 군락(群落)을 이루며 산다. 말이 나왔으니 말인데, 나도 미국의 애리조나 사막을 지나면서 선인장 군락을 봤다. 신기하게도 사막의 선인장들이 사람이 일부러 심은 듯이 바둑판 모양으로 아주 정연하게 서 있는 것이 아닌가. 언제 어디서나, 여느 식물들도 다 끼리끼리 땅(거름)과 햇빛 싸움을 심하게 벌이기에, 사막에서도 저절로 두 식물 사이의 간격이 너무 가깝지도 않고, 멀지도 않게 가지런히 줄을 맞추어 늘어선다.

선인장의 주산지는 멕시코와 미국 남서부, 페루, 볼리비아, 칠레, 아르헨티나, 브라질 동부를 포함하는 남서 안데스 지역이다. 살집이 많은 다육식물(多肉植物)은 사막이나 고산 등의 건조, 고온 지역에서 살아남기 위해서 줄기나 잎에 수분을 많이 저장하고 있는 식물을 말하는데, 선인장도 거기에 속한다. 빳빳한 바늘처럼 뾰족하게 돋친 가시(spine)도 종류에 따라 가지각색인데, 이것은 초식 동물을 찔러 기겁해서 도망가게 하는 것은 물론이고 수분 증발을 막는다.

잎이 변해 가시가 난 식물을 통틀어 영어로 'cactus(복수는 'cacti'라 한다.)'라 부른다. 가장 큰 것은 몸집이 대부등(大不等)만 하고, 키가 간짓대만 한 것이 무려 19.2미터나 되며, 작은 것은 1센티미터에 불과하다고 한다. 작은 것일수록 둥근 공(球) 모양을 하여 부피는 최대한 크게 하여

생명의 이름

물을 많이 담는 반면에 표면적은 가능한 적게 하여 수분 증발을 줄인다. 보통 때는 자람을 멈춘 휴면 상태로 지내지만 우기에는 넓게 퍼진 (멀리 2미터까지 뻗지만 깊이는 12센티미터를 넘지 않는다.) 뿌리가 물을 흠씬 빨아들여 엄청나게 빠르게 휙휙 자란다. 뿌리는 땅 표면을 기면서 아주 가늘지만 어떤 것은 굵고 곧은 뿌리(taproot)를 갖기도 한다.

세계적으로 1,500~1,800여 종의 다종다양한 선인장이 산다는데, 잎이 있는 나뭇잎선인장(pereskia), 잎은 없고 줄기만 넓적한 부채선인장(opuntia), 줄기가 하나의 기둥 꼴을 하는 기둥선인장(cactoid) 등 세 무리로 나뉜다. 또 나무처럼 가지가 생기는 것, 굵은 외줄기가 자라는 것, 키가 작으면서 오글오글 수북이 모여 나는 것, 줄기가 길게 수양버들 가지처럼 축 늘어진 것 등이 다양하게 있다.

그런데 아무리 잎이 없어지고, 줄기 조직에 물을 85~90퍼센트 이상 저장한다고 쳐도 그 절절 끓는 사막에서 무슨 재주로 모진 삶을 살아갈까. 선인장 줄기에는 보통 식물보다 더 많은 숨구멍(기공(氣孔)이라고도 한다.)이 있는데, 이 기공을 통해 물이 증발한다. 따라서 기화열이 선인장의 열을 빼앗기에 온도 조절이 가능하다. (선인장은 섭씨 55도가 넘으면 죽는다고 한다.) 헌데 선인장의 숨구멍은 볼록 튀어나와 있고, 더군다나 테두리에 아주 많은 하얀 털이 나 있는데, (보통 1제곱밀리미터에 많게는 1,239개나 된다.) 쑥 내민 것은 수분 증발을 쉽게 하기 위함이고, 은빛 털이 있어 빛을 반사하여 열을 덜 받는다. 또 줄기 겉은 거친 큐티클(cuticle)과 밀랍(wax) 성분이 덮여서 기공 외에서 일어나는 수분 증발을 막는다. 암튼 물 없이는 살지 못하기에 절수(節水)에 별의 별 수단을 다 동원하는 선인장이다.

놀랍게도 우리나라 제주도에 자생(自生, 저절로 생겨나 자기 자신의 힘으로 살아 간다는 말이다.)하는 선인장이 있다. 줄기가 납작한 부채 모양을 하여 '부채 선인장'이라고도 불리며, '백년초(百年草)'라고도 하는데 이는 오래 자라 야 개화한다는 뜻이렷다. 선인장은 스페인 어로 사포텐(sapoten)이라 하 며, 제주 선인장의 학명은 *Opuntia ficusindica* var. *saboten*인데, 흔히 선 인장을 '사보텐'이라 부르는 것은 이 학명에 까닭이 있다. 제주시 한림 읍 월령리 등지에 자생하니, 천연기념물 제429호로 지정하여 보호하 고 있다.

백년초는 줄기 표면에 길이 1~3센티미터의 굵고 긴 가시가 5~7개 씩 돋아 있고, 5~6월에 2~3센티미터 정도의 노란색 꽃을 무더기로 일 시에 피우는데, 꽃받침조각이나 꽃잎, 수술이 많지만 암술은 한 개이 다. 서양 배(pear)를 닮은 여러 개의 자주색 장과(漿果, 과육과 액즙이 많고 속에 씨가 들어 있는 과실)가 열리고, 열매(과육)에는 붉은색 베타시아닌(betacyanin) 색소가 풍부하게 들었으며, 그 속엔 자잘한 종자가 한가득 들었다. 제 주도에 가면 이 선인장으로 만든 잼과 젤리, 술, 피클, 초콜릿 가루 따 위를 판다.

멕시코 특산인 다육식물 용설란(龍舌蘭) 수액을 채취해 두면 하얗고 걸쭉한 풀케(pulque)라는 텁텁한 탁주가 되는데, 이것을 증류한 것이 주 정도(酒精度) 40도 정도의 무색투명한 술 테킬라(tequila)다. 나도 흉내를 내 봤지만, 이 술을 마실 때는 손등에 소금을 올려놓고 그것을 술안주

생명의 이름

로 핥는다. 또 멕시코에서는 식용 선인장 열매를 시장에서 판다고 하는데, 동남아에 흔한 용과(龍果, dragon fruit) 또한 선인장 한 종의 열매이다.

그리고 알다시피 접목 선인장 하면 코리아가 으뜸으로 세계 수출 시장의 70퍼센트를 차지하고, 꽃의 나라 네덜란드에도 수출한다고 한다. 밑대(대목(臺木)이라는 말도 있다.)로 쓰는 길쭉한 모가 난 녹색 선인장의 머리 위를 면도날로 자르고, 그 위에다 노랑·빨강 선인장을 역시 예리하게 잘라 맞대어 올려놓고 실로 꼭꼭 묶어 놓는다. 엽록체가 없어져 스스로 광합성을 하지 못하는 접지(接枝)는 접붙이지 않으면 살지 못하는 돌연변이체이다. 두 선인장은 진(수액)이 굳어지면서 서로 달라붙고, 위의 선인장은 밑의 선인장이 만든 양분을 얻어먹고 사니 일종의 기생체(寄生體)인 셈이다.

환골탈태(換骨奪胎)라, 선인장은 어찌 이리도 아예 변치 않으면 죽는다는 것을 잽싸게 알아차렸담! 변화가 곧 진화(進化)인 것. 날이 날마다 갈수록 바뀌어 점점 달라지지 않을쏜가?

민들레의 꽃말은?

민들레, *Taraxacum platycarpum*

옛날 노아 홍수 때 삽시간에 온 천지에 물이 차오르자 온통 달아났는데 민들레만은 발, 그러니까 뿌리가 빠지지 않아 도망을 못 갔다. 두려움에 떨다가 그만 머리가 하얗게 다 세어 버린 민들레의 마지막 구원 기도에, 하느님은 민들레를 가엾게 여겨 씨앗을 바람에 날려 멀리 산 중턱 양지바른 곳에 피어나게 해 주었다고 한다. 믿거나 말거나.

밉게 보면 잡초 아닌 것이 없고 곱게 보면 꽃 아닌 것이 없단다. 맞는 말이다. 가까이 다가가 오래오래 자세히 살펴보면 아름답지 않은 들풀이 없지. 고운 잡초 민들레는 쌍떡잎식물, 국화과의 여러해살이풀(다년초)이며, 겨울엔 깊숙이 박은 튼실한 땅속뿌리로 지내다가 이듬해 봄이면 다시 잎과 꽃을 피운다.

볕이 잘 들고 물이 쉽게 빠지는 곳에서 잘 자라는 민들레는 원줄기

생명의 이름

는 아예 없고, 잎이 뿌리에서 뭉쳐나서 사방팔방 옆으로 드러눕는다. 그것을 위에서 내려다보면 장미꽃을 닮았다 하여 로제트(rosette)형이라 한다. 잎사귀는 곧은 데를 째는 피침(披針)을 닮은 바소꼴이고, 길이 6~15센티미터, 폭 1.2~5센티미터이며, 잎몸(엽신(葉身)이라는 말도 기억하시길.)이 여러 갈래로 깊이 패어 들어갔으니, 잎의 모양이 '사자 이빨(lion's tooth)'과 흡사하다. 하여 영어로는 'dandelion'이라 부른다.

민들레는 뿌리줄기(근경(根莖)이라고도 한다.)나 종자로 번식하는데, 노란색 꽃은 4~5월 봄에 막 다투어 피며, 낮에는 열리고 밤에는 닫힌다. 잎 길이와 비슷한 속이 빈 늘씬한 꽃대가 길게 죽죽 뻗어 나오고, 그 끝에 두상화 한 개가 달린다. 하나의 꽃 덩어리에는 수많은 작은 꽃(floret)이 뭉쳐 달리니, 결국 그 꽃의 수만큼 씨앗이 영근다. 민들레는 특이하게도 꽃가루받이가 필요 없는, 자가 수분이나 타가 수분도 아닌, 일종의 단위 생식법인 무수정 생식(無受精生殖, apomixis)을 하기에 세월이 가도 유전적으로 어미와 자식이 똑같다.

재래종 민들레(*Taraxacum platycarpum*)는 꽃받침이 꽃을 위로 싸고 있지만 서양민들레(*Taraxacum officinale*)는 아래로 낱낱이 처지며, 재래종 민들레는 잎 갈래가 덜 파였지만 서양민들레는 깊게 파인다. 또 서양민들레는 유럽이 원산지인 귀화 식물로 도시 주변이나 농촌의 길가와 공터에서 흔히 볼 수 있는데, 꽃대가 짧은 편이다. 서양에선 잔디밭에 많이 나니, 잔디를 깎을 적에 그들도 목이 잘리기에 꽃대가 짧은 것만 살아남아 그렇다고 한다.

이 둘 말고도 우리나라 본토종인 흰민들레(Korean dandelion, *Taraxacum coreanum*)가 있으니, 앞의 둘은 꽃이 노란 데 비해 이것은 아주 희다. 이 또한 줄기가 없고 뿌리에서 잎이 무더기로 나와서 비스듬히 퍼지며, 잎은 길이가 20~30센티미터, 폭은 2.5~5센티미터로 셋 중에 가장 크고, 잎몸의 갈래 조각은 6~8쌍이며, 꽃받침이 위로 바싹 붙는다.

가수 박미경의 「민들레 홀씨 되어」의 몇 구절이다. "달빛 부서지는 강둑에 홀로 앉아 있네 / 소리 없이 흐르는 저 강물을 바라보며 / …… / 어느새 내 마음 민들레 홀씨 되어 / 강바람 타고 훨훨 네 곁으로 간다."

이 가사에서 먼저 칭찬할 것은 '이름 없는 꽃'이 아니고 "이름 모를 꽃"으로 쓴 것이다. 만일 이름 없는 들꽃이 있었다면 식물 분류학자들이 벼락같이 달려갔을 터. 미기록종 아니면 신종일 테니 말이지. 그러나 "민들레 홀씨 되어"가 탈이다.

식물학자들이 제일 듣기 싫어하는 것이 이 노래의 '민들레 홀씨'와 '붉은 찔레꽃', '억새풀'이라 한다. 여기서 '홀씨'를 '홀로 날아다니는 꽃씨' 정도로 해석하면 좋으나, 곰팡이나 버섯의 홀씨(포자(胞子)라고도 한다.)라면 안 된다는 게 식물학자들의 변(辯)이다. 또 "찔레꽃 붉게 피는 남쪽 나라 내 고향"으로 시작하는 「찔레꽃」의 가사 또한 엉터리란다. 찔레꽃은 모두 희기 때문이다. "아아 으악새 슬피 우니" 하는 가사로 시작하는 「짝사랑」의 '으악새' 역시 결코 억새풀이 아니고 껑다리 새 왜가리를 지칭한다. 나도 식물학자들의 주장에 동의하는 바이다. 첨언하자면 「과

생명의 이름

수원길」 노래 탓에 아까시나무가 아닌 '아카시아'가 많이 쓰이는 것도 큰 잘못이다.

한방에서는 민들레를 젖 모자란 산모들에게 약재로도 사용한다. 젖 만드는 것을 촉진한다는 것이다. 민들레 잎줄기를 꺾거나 따면 하얗고 쌉싸래한 액즙 이눌린이 분비되기에 그랬던 것이 아닌가 싶다. 이눌린 은 돼지감자, 달리아, 우엉 등 국화과 식물의 뿌리 혹은 덩어리줄기에 저장되어 있는 탄수화물(다당류)의 일종이다.

민들레 순을 묵나물 해 먹고, 특히 흰민들레가 대장이나 간에 좋다 하여 씨를(!) 말린다. 유럽에서는 잎은 샐러드로, 뿌리는 커피 대용으로 쓰며, 세계적으로 한때 구황 식물(救荒植物)로 쓰였다. 그래 그랬을까, 꽃 말은 '감사'라 한다.

한 떨기 노란 민들레꽃이 지고 나면 그 자리에 솜방망이 모양을 한 호호백발 씨앗들이 한가득 줄지어 열리며, 한껏 크고 둥그렇게 부풀었 다가 불현듯 바람 타고 가볍게 흩날린다. 솜뭉치 하나를 조심스럽게 따 서, 후우 불어 씨를 공중으로 휠휠 날려 보내 낙하산 부대의 공중 묘기 를 본다. 이토록 세어 봐야 직성이 풀리니 이 또한 병이런가? 궁금하여 일부러 그러모아 또박또박 헤아려 봤더니만 머리에 인 솜덩이 하나에 평균하여 123개의 씨앗이 달렸더라. 씨앗 끝자리에 낙하산(parachute) 닮 은 갓털(관모(冠毛), pappus)이 있어 마구 부력을 한껏 높인다. 실은 관모가 낙하산을 닮은 게 아니고 관모를 흉내 낸 것이 낙하산이다. 과학에는 자연을 모방한 것이 많고 많다!

겨울을 견디고 피어나는 목련

백목련, *Magnolia denudata*

"오 내 사랑 목련화야 / 그대 내 사랑 목련화야 / 희고 순결한 그대 모습 / 봄에 온 가인과 같고 / 추운 겨울 헤치고 온 / 봄 길잡이 목련화 는 / 새 시대의 선구자요 / 배달의 얼이로다." 「목련화(木蓮花)」 노래를 부를 날도 머지않았다. 가인(佳人)이요, 봄 길라잡이인 목련꽃을 피우기에 얼마나 아리고 시린 겨울이 있었던가. 겨우내 냉기를 머금고 견뎠기에 더욱 곱고 아리땁다. 암튼 아직도 매운 야밤 추위를 지새느라 힘들어 하는 목련나무다.

헌데 이른 봄에 피울 꽃눈을 작년 초여름부터 만들기 시작하여 저렇게 가지마다 매달아 놓은 것을 모르고 있었다니……. 내 글방 앞의 목련도 수백, 아니 수천 개의 겨울 꽃눈을 한가득 다닥다닥 매달고 있다. 겨울눈(월동아(越冬芽)라고도 한다지.)은 한눈에 봐도 꽃눈과 잎눈(각각 화아

(花芽)와 엽아(葉芽)라는 한자어도 있다는 말씀.)이 뚜렷이 구분된다. 봄꽃을 품은 꽃눈은 새끼손가락 끝마디만큼이나 큰 것이 몽실몽실 통통하지만 움싹을 틔울 잎눈은 코딱지만 하다. 또 꽃눈은 보드라운 솜털이 빽빽이 감쌌으나 잎눈은 솜털과 함께 밋밋한 몇 겹의 비늘 조각이 뒤덮고 있어서 모질게 고된 겨울나기를 도왔다.

지금 얼른 목련의 꽃눈 하나를 따서 면도날로 반을 잘라 보자. 솜털 묻은 비늘잎을 벗기고 나니 얄팍하고 보드랍고 노릇한 꽃잎이 켜켜이 포개져 돌돌 말려 있고, 향기 그윽한 꽃술들도 이미 한가득 들었다. 그렇다. 지난해부터 이해를 대비한 만반의 준비성에 탄복을 금치 못한다. 하여 저 꽃나무 하나에서 미리 준비하면 걱정할 게 없다는 유비무환(有備無患)을 깨친다.

그런데 마음에 없으면 봐도 보이지 않는다고 하였다. 남보다 먼저 꽃 피우는 봄 앞잡이 꽃이 어디 목련뿐이겠는가. 매화, 산수유, 진달래, 철쭉, 개나리 등도 꽃눈을 매단 채 겨울을 넘기고 있다. 자연엔 질서와 순서가 있는지라 여기 꽃나무들도 써 놓은 순서대로 꽃망울을 터트릴 것이다. 말해서 이들은 꽃을 먼저 피우고 나중에 날이 푹해지면 잎이 나는 나무들이다.

고 최인호 소설가의 『나의 딸의 딸』에서 만난 구절이다. "목련꽃은 아름답긴 하지만 왠지 귀기(鬼氣)가 어려 있다. 한밤중에 목련꽃을 보면 섬뜩해진다. 무슨 상복 입은 여인 같기도 하고, 종이로 만든 조화 같기도 하고, 승무를 추는 영인(伶人)의 머리에 쓴 고깔 같기도 하고, 잘 빨아

널어 말린 버선 짝같이 느껴지기도 한다."고 적으면서, "꽃은 만발하지만 푸른 잎이 없어 그렇다는 것을 나중에 알았다."고 실토한다.

꽃샘추위에 설늙은이 얼어 죽는다고 한다. 그런데 꽃샘·잎샘추위가 기승을 부릴 즈음에 활짝 핀 꽃봉오리들이 하나같이 북쪽으로 고개 숙인다. 보통 식물은 햇빛을 받는 남쪽으로 굽는데, 괴이하게도 목련은 북으로 머리를 둔다. 그러기에 예부터 목련꽃을 북향화(北向花)라 불렀다.

식물들이 나름대로 정해진 시기에 개화하는 것은 일조 시간(광주기 (光周期)라는 말도 있다.)과 온도에 반응하여 생기는 개화 호르몬인 플로리겐(florigen) 때문이다. 식물에 따라 일조 시간이 긴 봄에 개화하는 개나리와 진달래가 있고, 낮이 짧은 가을에 꽃피우는 코스모스와 국화, 일조 시간의 영향을 별로 받지 않는 민들레, 옥수수 따위가 있다. 또한 온도가 개화에 영향을 미친다. 지금 진달래 가지 하나를 꽃병에 꽂아 방안에 들여놓아 보라. 며칠 후면 화사한 진달래꽃을 피우니 이런 것을 고온 처리(高溫處理)라 한다.

오바마 미국 전 대통령이 수백 명의 학생들과 선생님들을 애도하며 안산 단원 고등학교에 보낸 묘목이 바로 '고귀함'이란 꽃말을 가진 목련이었다.

식물의 짝 찾기에도 질서는 있는 법

수분, pollination

꽃 중에서 제 꽃송이에 암술과 수술이 다 있는 양성화(兩性花, 암수갖춘꽃)와 암꽃과 수꽃이 따로 피는 단성화(單性花, 안갖춘꽃)가 있다. 한편 단성화에는 호박, 오이, 수박처럼 한 포기에 암꽃·수꽃이 따로 열리는 자웅 동주(雌雄同株, 암수한그루)와 은행나무같이 숫제 암나무·수나무가 별도인 자웅 이주(雌雄異株, 암수딴그루)가 있다. 하여 "은행나무도 마주 서야 연다."고 하는 것. 이렇게 암수딴그루인 목본(나무)에는 은행 말고도 비자나무, 주목, 버드나무, 뽕나무, 초피나무, 다래 등등이, 초본(풀)에는 드물지만 한삼덩굴, 수영, 시금치 등이 있다.

김춘수 시인은 "내가 그의 이름을 불러 주었을 때 / 그는 나에게로 와서 / 꽃이 되었다."고 읊조리셨지. 스웨덴의 국보요, 학명(이명법)을 창안해 낸 분류학의 비조(鼻祖) 린네(Carl von Linné)도 짐짓 꽃을 무척 좋아

하였다 한다. 선생은 양성화를 빗대어 "가운데 아리따운 여자(암술) 하나를 두고 둘레에 여럿 남자(수술)가 빙 에워싸고 서로 사랑하고 있다."고 하였다. 별 시답잖은 소리 다 한다고 하겠지만 제대로 정곡을 찔렀다. 꽃은 식물의 생식기관 아니던가? 더군다나 동물들은 바깥 생식기를 사타구니에 끼워 놓는데, 어째 꽃식물은 해괴망측하게도 벌건 대낮에 덩그러니 드러내 머리에 이고 있담.

게다가 꽃은 벌레를 꾀려고 곱고 고운 색옷을 입었고, 짙은 향기를 풍기니 그것은 다름 아닌 호르몬이요, 페로몬이렷다. 세상에 공짜 없으니, 곤충은 꿀물을 빤 대신 암술머리에 꽃가루를 묻혀 주니 서로 주고받다. 그런데 꽃 냄새도 힘들여 만들었기에 함부로 아무 때나 발산하지 않는다. 봉접(蜂蝶)에게 수분(受粉, 꽃가루받이)을 맡기는 꽃은 한낮에, 밤벌레 나방이에게 신세 지는 꽃은 야밤에 향내를 날린다. 그리고 푸나무들은 가만히 있다가도 사람이 툭 치거나 만질라 치면 풀 냄새를 벌컥 내뱉는다. 소위 제라늄이나 허브 따위가 심한데, 이는 천적이 자기를 해치러 온 줄 알고 쫓아 버리려고 내뿜는 '독가스'다.

그나저나 식물이라고 얕봤다가는 큰 코 다친다. 암술과 수술이 길이 차이를 내거나 성숙 시기를 달리하므로 제 꽃의 꽃술끼리 수분(자화수분)을 피하며, 수분이 일어났다 쳐도 아예 수정(受精, 정받이)하지 않는다. 뿐만 아니다. 같은 꽃에서는 물론이고 같은 그루의 어떤 다른 꽃과도 정받이를 하지 않으니 이를 자가 불화합성(自家不和合性)이라 한다. 세상에, 놀랍고 무섭다. 식물들이 뭘 알고선. 그래서 "과일나무를 심어도

생명의 이름

여럿 심어라."라고 하였던 모양이다. 그러나 예외가 더러 있어서, 꽃가루를 적게 만들면서 꽃 냄새도 내지 않는 벼, 보리, 밀, 완두, 목화, 상추들은 자가 수분(自家受粉, 제꽃가루받이)한다.

마땅히 식물계도 일정한 질서와 규칙이 있는 법이니, 외떡잎식물은 번식기관(꽃잎, 꽃받침, 수술)의 개수가 3의 배수이고, 쌍떡잎식물은 4와 5의 배수다. 마음 다잡고 들꽃에 가까이 다가가 오래오래 세세히 살펴볼 것이다. 자세히 봐야 예쁘고 오래 봐야 사랑스럽다. 모름지기 자연은 자기에게 눈길을 주는 이에게만 비밀의 문을 열어 준다니 말이다.

화무십일홍(花無十日紅)이라

화청소, anthocyanin

봄이 와도 봄 같지 않다지만 설레는 꽃 소식은 어김없이 오고야 마는구나. 만화방창(萬化方暢)이라, 드디어 삼라만상은 어울림으로 아름다움의 극치를 이루고, 기화요초(琪花瑤草)라고 꽃떨기들이 흐드러지게 울긋불긋, 잔뜩 요염한 자태를 뽐낸다. 그지없이 아리따운 봄꽃들도 크게 보아 빨간색, 보라색, 푸른색, 노란색, 흰색으로 나뉜다.

7~8월 텃밭 한구석에 보라색 도라지와 백도라지 꽃이 어우렁더우렁 무더기로 핀다. 봉곳이 벙근 풍선 꼴의 꽃망울을 꽉 눌러 보면 빵하고 터진다. 말썽꾸러기들의 장난은 여기서 멈추지 않는다. 활짝 핀 진보라 꽃봉오리를 따 왕개미 한 마리를 잡아넣고 꽃부리 가장자리를 싸잡아 쥔 채, "신랑 방에 불 써라, 각시방에 불 써라." 큰소리 지르며 한참을 마구 휘몰아 빙글빙글 돌린 다음, 꽃 아가리를 열라 치면 후줄근해

생명의 이름

진 개미는 비치적거리며 부리나케 내뺀다.

저런, 울긋불긋 꽃잎 새새에 새빨간 초롱불이 촘촘히 여럿 켜였다! 갇혔던 개미가 흔듦에 움찔움찔 놀라, 질금질금 싼 개미산(의산(蟻酸)이라는 말도 함께 보시라.)이 청사초롱을 매달았으니, 산성인 의산이 보라색 꽃물을 붉게 물들인 것이다. 신통방통한 요술이로군!

리트머스(litmus) 액은 실온(섭씨 25도)에서 산성이면 붉은색, 중성이면 자주색(보라색), 알칼리성이면 푸른색을 띠는 지시약이다. 리트머스 액이나 리트머스 종이에 묻은 물감은 다름 아닌 지의류(地衣類)인 리트머스이끼(litmus lichen)에서 뽑은 안토시아닌이다. 다시 말해 리트머스이끼에 듬뿍 든 안토시아닌이 곧 리트머스 지시약인 것.

'화청소(花靑素)'라 부르는 안토시아닌(anthocyanin)의 'anthos'는 라틴어로 '꽃', ' kyanos(cyanin)'는 '푸름'을 뜻하며, 이것은 식물의 꽃과 과일, 잎줄기, 뿌리 세포의 액포(液胞)에 든 색소다. 꽃에 든 화청소는 곤충을 꾀어 꽃가루받이하고, 과일에 든 화청소는 동물을 홀려 먹게 하여 씨를 퍼뜨리며, 잎사귀에 든 것은 광합성을 저해하거나 세포를 손상케 하는 자외선 흡수 차단제 역할을 하니, 어린 싹이나 가을 단풍이 붉은 것도 같은 이치다. 사람 세포에서 활성 산소를 없앤다는 항산화제로 작용하는 이것은 무르익은 블루베리, 체리, 포도에 엄청나게 들어 있지만 검정콩이 최고, 으뜸이란다.

이제 알았다. 진달래나 철쭉처럼 붉은 꽃은 꽃잎의 세포액이 산성이며, 보라색 꽃인 제비꽃과 도라지꽃은 중성, 나팔꽃이나 닭의장풀꽃은 알칼리성이라는 것을. 헌데 노란 꽃은? 그건 꽃이나 열매 색을 발현하는 화청소와는 무관한 카로티노이드(carotenoid)계 색소 때문으로 개나리, 양지꽃이 그래 노랗다.

마지막으로 남은 것은 화청소도, 카로티노이드 색소도 통 만들지 못하는 흰 꽃이다. 자, 인제 하얀 꽃잎을 따 거머쥐고 꼭 짓눌러 보자. 돌연 흰색이 사라지고 마니, 이는 세포 틈새에 들었던 공기가 빠져나가 버린 탓이다. 또한 흰 머리칼은 멜라닌 색소가 없는 까닭도 있지만 모발이 대통처럼 비어서 속에 든 공기에 빛이 반사한 탓이기도 하다. 뭉뚱그려 말하면 꽃잎이나 모발이 하얀 것은 속의 공기에 빛이 부딪혀 꺾이는 산란(散亂, scattering) 때문이라고 한다. 이렇듯 꽃의 색깔 중에서 빨간색과 보라색, 푸른색은 화청소가 부린 마법이요, 노란색은 요상한 카로티노이드 색소이며, 흰색은 공기와 빛의 합동 연출이었다. 어쩜 이렇게 화사한 꽃에 오롯이 과학이 스며 있담!

화무십일홍(花無十日紅)이요, 인불백일호(人不百日好)다. 아무렴 봄꽃도 한철이요, 꽃이 시들면 오던 나비도 안 온다고 하지. 매양 영원한 것은 없으매 봄은 금세 가고 꽃도 쉬 진다.

생명의 이름

달팽이의 느림을 본받으리라

달팽이, *Acusta despecta sieboldiana*

여기 why@knu.ac.kr라는 전자 우편 주소가 있다고 치자. 이메일의 @를 흔히 '달팽이(snail)'라거나 '골뱅이'라 부르는데, 영어로는 'at'이나 'to'로 읽는단다. 그런데 그 녀석의 껍데기 꼬임이 고작 1층밖에 되지 않으니 갓 알에서 깨어난 새끼 달팽이에 지나지 않는다. 다 자란 어미 달팽이는 5~6층이 되니 말이다.

또한 나는 주소의 'why'가 참 마음에 든다. '왜?'란 '새롭고 신기한 것을 좋아하거나 모르는 것을 알고 싶어 하는 마음'인 호기심(好奇心)을 뜻하고, 호기심은 동심(童心)이요, 동심은 시심(詩心)과 통하며, 그것들이 다 과학심(科學心)이라 그렇다. 과학을 하려면 철부지의 본성과 시인의 심안(心眼)을 가져야 한다는 말씀.

본론으로 돌아와, 옛날에는 달팽이를 '와우(蝸牛)'라 하였는데, 한자

생명의 이름

와(蝸)는 달팽이, 우(牛)는 소라는 뜻으로, 행동이 소처럼 느릿느릿하다는 의미가 들어 있다. 그건 그렇다 치고, 우리말 '달팽이'는 어디서 왔담? 어근(말뿌리)을 찾을 수 없으니 나름대로 생각해 본 것이, 밤하늘에 비치는 둥근 달과, 땅바닥이나 얼음에 지치는 팽글팽글 돌아가는 팽이를 닮아 붙은 이름이리라. 하늘(天)의 달과 땅(地)의 팽이, 둘의 짝지음이 썩 마음에 든다. 그리고 느림보 달팽이의 어눌한 품새에 어쩐지 살가운 정감이 가고, 기꺼이 만져 보고 싶은 마음이 일며, 둥그스름한 됨됨이 탓에도 절로 마음이 끌린다. 그런데 달팽이라고 모두 둥근 꼴은 아니고, 길쭉하고 짧은 것에서 납작하게 얇디얇은 것도 있다. 그보다 타고나면서 집을 가지고 나와 주택 부금 안 넣어도 되는 달팽이 네가 무척 부럽다.

프랑스에 가면 칙사 대접을 받으니, 달팽이 요리 에스카르고(escargot)다. 그늘지고 습기 찬 곳을 좋아하는 달팽이는 연체동물(軟體動物) 중 뱃바닥을 발 삼아 기어 다니는 복족류(腹足類)로 땅에 사는 패류의 한 종인데, 무엇보다 달팽이는 신기하게도 뿔(더듬이, 촉각)이 넷이다. 위에 한 쌍의 큰 더듬이가 있고, 아래에는 작은 더듬이 둘이 있다. 위로 곧추세워 잇따라 설레설레 흔드는 대 촉각(觸角) 끝에 작고 새까만 달팽이 눈이 들었으니, 물체는 보지 못하고 오직 명암만 분별한다. 그리고 아래 소 촉각은 수굿하게 떨어뜨리고 쉼 없이 간들거리면서 냄새나 기온, 바람, 먹이를 알아낸다. 그런데 장난삼아 달팽이 눈을 손끝으로 살짝 건드려 보면, 얼김에 눈알이 긴 더듬이 안으로 또르르 쏙 말려 들어갔다 이내 곧 나온다. 그래서 민망스럽거나 객쩍고 겸연쩍은 일을 당하였을 때 "달팽이 눈이 되었다." 한다. 그런데 예전 사람들은 그 더듬이들이 서로 다투는 것으로 알고 '와우각상쟁(蝸牛角上爭, 달팽이 뿔이 서로 싸운다.)'이라는 말을 썼다. 별것도 아닌 것을 가지고 집안끼리 하는 다툼을 일컫는데, "거지 제 자리 뜯기", "제 닭 잡아먹기"와 닮은 말이라 하겠다.

우리의 속귀에도 달팽이를 빼닮은 '달팽이관'이 있다. 암튼 달팽이나 껍데기가 없는 민달팽이는 기어간 자리에 흰 발자취를 남긴다. 근육발로 운동하는 달팽이는 바닥이 꺼칠하거나 메마르면 움직임이 편치 못하다. 그래서 발바닥에서 점액을 듬뿍 분비하여서 스르르 쉽게 미끄러져 나는데, 그것이 말라서는 족적으로 남는다. 그리고 끈적끈적한 진이 강력 접착제처럼 재빨리 굳기에 달팽이가 넌지시 면도날 위를 다치지 않고 거침없이 타넘기를 한다. 요술쟁이, 꾀보 달팽이! 느림의 미학을 굼뜨지만 꾸준한 느림보 달팽이에서 본받으리라! 꾸준함에 이기는 영재 없더라.

생명의 이름

귀뚜라미의 세레나데

귀뚜라미, *Velarifictorus aspersus*

　무상한 절기는 어김없이 알아서 갈 길을 간다. 가을의 전령(messenger)인 귀뚜라미가 귀뚤귀뚤 가을 노래를 불러 댄다. 무엇보다 저 힘찬 울음은 수컷들이 내는 것으로, 다른 수컷들을 겁주고, 뭇 암컷들의 마음을 사기 위해 저런다. 하여 예사로운 풀벌레 소리로 치부할 일이 아니다. 부탁건대 저들의 지저귐을 애틋한 '사랑의 세레나데'라 여기고 들어 보시라.

　귀뚜라미(cricket)는 메뚜기목, 귀뚜라밋과의 곤충으로, 말똥말똥한 눈을 가진 것이, 온몸이 흑갈색을 띠며 복잡한 점무늬가 있고, 몸길이 18밀리미터 정도다. 암컷은 늦가을에 뾰족한 산란관(產卵管)을 흙이나 식물에 꽂고 50~100개를 산란한다. 알은 이듬해 봄에 부화하고, 유충은 번데기 시기가 없는 직접 발생을 하기에, 날개가 없을 뿐 어미를 쏙 빼닮았다. 유충은 8~10번 가까이 허물을 벗은 다음 성충이 된다. 그들은 오직 2개월여 살아 짧디짧은 한살이를 끝낸다.

귀뚜라미는 어떻게 귀뚤귀뚤 소리를 내는가? 요새는 거의 쓰지 않지만 옛날에는 집집마다 손빨래를 하였는지라 빨래판이라는 것이 있었다. 직사각형의 나무 판에다 물결같이 울퉁불퉁하게 파 놓은 판에 빨랫감을 올려놓고, 빨랫비누를 북북 칠하고는, 박박 비벼 깨끗하게 세탁하지 않았던가. 그 세탁판을 막대기로 문질러 보면 "따르르 따다닥" 소리를 낸다. 또 있다. 머리빗에는 짜개진 빗살이 촘촘히 난다. 어떤 빗은 한쪽은 살이 길고 성글게 난 얼레빗으로, 반대쪽은 짧고 배게 난 참빗으로 되어 있다. 그 둘을 손톱으로 긁어 보면 양쪽에서 나는 소리가 다르지 않던가.

귀뚜라미가 내는 소리는 이렇게 빨래판이나 머리빗에서 내는 소리처럼 마찰음으로, 수컷의 오른쪽 앞날개 밑면에 있는 무수히 많은 까칠까칠한 줄(file)처럼 생긴 시맥(翅脈)과 왼쪽 앞날개 윗면의 발톱처럼 생긴 마찰편(摩擦片)을 문질러 소리를 낸다. 즉 오른쪽 날개를 왼쪽 날개 위에 올려놓고 힘주어 비비고 문지를 때마다 귀뚤귀뚤 한다는 것이다. 그런데 귀뚜라미는 종(種)에 따라 날개의 구조가 달라서 다른 소리를 낸다. 뿐만 아니라 기온이 높을수록 울음 속도가 빨라지는데, 보통 섭씨 13도에서 1분에 62번을 운다. 이렇게 귀뚜라미는 온도에 참 민감하기에 "빨리 알기는 7월 귀뚜라미라."라는 말이 생겨났을 것이다.

귀뚜라미는 세계적으로 900여 종이 살고, 우리나라에는 애귀뚜라미, 알락귀뚜라미, 왕귀뚜라미 등 10여 종이 살고 있으며, 사람에게는 아무런 해를 입히지 않는다고 한다. 이들은 잡식성(雜食性)으로, 다른 곤충이나 유기물, 버섯, 여린 식물의 순을 두루 먹으며, 기아(饑餓) 상태에서는 동족도 서슴없이 잡아먹으니 '동족 살생(cannibalism)'이다.

귀뚜라미를 한자어로는 실솔(蟋蟀)이라 한다. 헌데 중국 사람들은 귀뚜라미를 행운을 상징하는 동물로 여겨 조롱(鳥籠)에 넣어 키우고, 귀뚜라미 싸움을 즐긴다고 한다. 오목한 접시에 수컷 두 마리를 집어넣어 두면 죽기 살기로 싸운다고 한다. 투계(鬪鷄), 투견(鬪犬)도 모두 수놈들을 시키니 싸움질은 수컷들의 본성일 터다. 그런데 분명 싸움을 시키기 위해서는 귀뚜라미를 며칠 굶겼을 것이다.

"방에서는 글 읽는 소리, 부엌에는 귀뚜라미 우는 소리다."란 공부하는 분위기가 잘 된 평화로운 가정을 일컫는다. 삼희성(三喜聲)이라는 말이 있다. 아낙네의 다듬이질 소리, 아이들 글 읽는 소리, 갓난아이 우는 소리 말이다. 게다가 두툼한 돋보기를 걸친 백발 할아버지가 책을 읽다가 꾸벅꾸벅 졸고 있는 모습이 그리 좋을 수 없다지?

인생사 새옹지마

말, *Equus caballus*

중국 『회남자(淮南子)』의 「인간훈(人間訓)」에 나오는 이야기다. 북방 국경 변방(새(塞))에 점을 잘 보는 늙은이(옹(翁))가 살고 있었는데, 하루는 말이 아무런 까닭 없이 도망쳐 오랑캐들이 사는 국경 너머로 들어갔다. 마을 사람들이 위로하자 늙은이는, "이것이 어찌 복이 될 줄 알겠소." 하고 태평이었다. 그럭저럭 몇 달이 지나 뜻밖에도 도망쳤던 그 말이 좋은 호마(胡馬) 한 필을 데리고 돌아왔으니, 사람들은 횡재하였다면서 축하하자 영감은 또 "그것이 어떻게 화가 되지 않으란 법이 있겠소." 하며 조금도 기뻐하는 기색이 없었다. 그런데 말 타기를 좋아하였던 아들이 그 호마를 타고 들판으로 마구 돌아다니다가 그만 낙마하여 다리를 다치고 말았다. 아들이 불구가 된 것을 안타까워하자 노인은 "그것이 복이 될 줄 누가 알겠소." 하고 담담하였다. 그럭저럭 한 해가 지나

생명의 이름

오랑캐들이 거세게 침략하였고, 장정들은 일제히 나가 적과 싸웠으니 국경 근처 사람들이 열에 아홉은 죽었는데 영감의 아들은 다리를 못 쓰는 덕에 무사하였다 한다. 인생살이에 길흉화복(吉凶禍福)은 항상 바뀌는지라 미리 헤아릴 수가 없다는 말로, 이를 새옹지마(塞翁之馬), 새옹득실(塞翁得失), 새옹화복(塞翁禍福)이라 한다.

4500만~5500만 년 전에 지구상에 나타난 말(馬)의 조상인 에오히푸스(*Eohippus*)는 몸집이 큰 개만 한 것이, 발굽이 앞다리에는 네 개, 뒷다리에는 세 개가 있으며, 어금니도 아주 간단하였다. 그런데 지금 와서는 몸집이 1톤에 가까워졌고, 발굽은 모두 하나이며, 어금니도 아주 커지고 매우 복잡해졌다.

말처럼 발굽(hoof)이 하나인 것을 기제류(奇蹄類), 굽이 두 개인 소나 노루, 돼지를 우제류(偶蹄類)라 부른다. 그리고 말은 뭍에 사는 포유동물 중에서 가장 큰 눈(眼)을 가지며, 그것으로 온 사방을 예의 주시할 수 있고, 또 귓바퀴를 쫑긋 세워 180도 돌릴 수 있어서 머리를 돌리지 않고도 소리를 귀담아 들을 수 있다. 말은 매우 큰 편이라, 이를테면 멀대같이 다 큰 여아를 비유하여 "말만 한 계집아이"라 하고, '말매미', '말거머리'는 그들 총중에 큰 놈들을 이른다.

말의 학명(學名)은 *Equus caballus*인데 속명인 *Equus*는 '짐 싣는 말'이라는 뜻이며, 하여 '에쿠스(Equus)' 자동차는 '네 바퀴 달린 말'인 셈이다. 그런데 조랑말 '포니(pony)'나 질주하는 말 '갤로퍼(galloper)'도 이렇게 죄다 말과 연관이 있었군!

말은 네 다리와 목은 물론이고 머리도 유난히 길어, 얼굴이 남다르게 길쭉한 선생님에게 '마두(馬頭)'란 별명을 붙였지. 말은 물론이고 고라니, 노루 등 순수 초식 짐승들은 지방 소화를 돕는 쓸개즙(담즙)이 필요 없어서 숫제 쓸개주머니(담낭)가 없다. 어라? 나도 쓸개를 잘라 버려 '쓸개 빠진 놈'이니, 정녕 말을 닮았다 하겠다.

"말이 나면 제주도로 보내고, 사람이 나면 서울로 보내라." 하였다. 아무튼 덩치가 왜소한 제주조랑말은 중앙아시아 초원에 살았던 몽골말로 원나라가 탐라를 침공하면서 들여온 군마(軍馬)였다. 말 한 마리에도 서러운 역사가 묻어 있었다.

돌이켜 보면 너 나 할 것 없이 덧없는 인생이 주마등(走馬燈)처럼 후딱 지나 버렸다. 인간만사 새옹지마이니 눈앞에 벌어지는 자잘한 것에 너무 연연하지 말 것이고, 주마가편(走馬加鞭) 식으로 자기를 더욱 북돋우며 살아야 하겠다. 또 마이동풍(馬耳東風)이라고, 복잡한 세상에 남의 말 너무 새겨듣지 말고 한 귀로 듣고 다른 한 귀로 흘려버리는 삶을 살자꾸나.

생명의 이름

그령처럼 억세게

그령, *Eragrostis ferruginea*

결초보은(結草報恩)이라는 말이 있다. "풀을 묶어서 죽어서까지 은혜를 잊지 않고 갚는다."는 뜻인데, 거기에 엮인 고사(故事) 하나가 있다. "옛날 춘추 시대 진(晋)나라에 위무자(魏武子)라는 사람이 있었으니, 그에게는 사랑하는 시앗이 있었다. 그런데 위무자는 자신이 병들자, 아들 위과(魏顆)를 불러서 자기가 죽거든 그녀를 함께 순장(殉葬)하라 하였다. 그러나 위과는 아버지가 죽자 그 부실(副室)을 죽이지 않고 다른 사람에게 시집보냈다. 그후 진(秦)나라가 진(晋)나라로 쳐들어와 위과는 진의 두회(杜回)라는 장수와 싸우게 된다. 두회가 패해 도망을 가는데, 한 노인이 풀을 엮어 놓아서(결초(結草)) 그의 말(馬)이 엉겁결에 풀 매듭에 걸려 넘어졌고, 그리하여 위과는 그를 사로잡았다. 그런데 그날 밤 위과의 꿈에 한 노인이 나타나서, 자신은 위과가 시집보낸 그 첩의 아비 되는 사람이며, 위과에 보은(報恩)하기 위해 자기가 풀을 엮었노라고 하였단다."

죽어서 혼령이 되어도 잊지 않고 은혜를 갚는 것을 백골난망(白骨難忘)이라 한다지. 은혜는 돌에 새기고 원한은 물에 새기라 하였겠다. 그렇다면 앞의 그 노인이 묶어 놓았던 풀의 이름은 무엇일까? 바로 우리나라와 중국, 히말라야 산맥에 자생(自生)하는 그령이다.

그령은 볏과(科), 참새그령속(屬)의 다년생 초본으로 '길잔디'라 부르고, 영어로는 'love grass'라 부른다. 우리나라 전국의 길가나 밭둑, 빈터, 강둑, 외진 묏등 등지에서 흔하게 난다. 줄기는 여러 개가 뭉쳐나서 큰 포기를 이루고, 가늘고 길쭉한 것이 질기다. 잎은 키가 30~80센티미터 정도로 자라며, 끝자락에 생기는 느슨한 꽃 이삭에 잔 꽃이 달린다. 나도 초동목수(樵童牧豎, 땔나무를 하는 아이와 풀밭에서 가축에게 풀을 먹이는 아이) 시절에 꼴로 베어다 소에 먹였고 잎줄기가 검질기기 짝이 없어 뻣뻣하게 쇤 것을 배배 꼬아 새끼줄 대용으로도 썼다. 오죽하면 "그령처럼 억세게 살아라." 하였겠는가.

길잔디는 앞에서 말하였듯이 묵정밭, 농로 등 곳곳에 흔전만전 나는데, 마을을 드나드는 샛길에도 즐비하게 자란다. 그런데 길 한복판은 개나 소, 사람의 발길이 잦아 반들반들 길이 나서 잡초가 사라지지만, 밟히지 않는 곁자리의 것들은 싱싱하게 길길이 자란다. 하여 양측의 긴 풀대를 한 묶음씩 감싸 잡아당겨 서로 댕기머리처럼 휘휘친친 땋아 엇매어 놓고는, 허방다리에 너스레를 걸치고 섶을 덮듯이, 잡풀을 뜯어다 몰래 가려 놓는다.

아닌 밤중에 홍두깨라고, 영문도 모르고 행인들도 풀 매듭에 걸려 넘어진다. 그럴라 치면 아까부터 몰래 숨어 안절부절 물끄러미 노려보던 우리 또래들은 천연덕스럽게 깔깔거린다. 그러다가 "도둑이 제 발 저리다."고, 걸음아 날 살려라 하고 재우쳐 삼십육계 줄행랑을 놓는다. 그령 잎줄기는 워낙 질겨서 낫으로도 쉽게 잘리지 않고, 뿌리는 여간해서 뽑을 수도 없으며, 소도 목에 온힘을 다 들여 겨우겨우 무쩍무쩍 뜯으니 뽀드득뽀드득 소리가 날 정도다. 사람이야 물론이고 얼결에 소도 내걸려 뒤뚱하니, 세차게 달리던 '두회의 말'이야 도리 없이 나뒹굴지 않을 수 없었을 터다.

이 글을 쓰면서도 장난꾸러기 악동 시절들이 자꾸만 아련히 뇌리를 스친다. 유치해져야 창조적이고, 개구쟁이 짓을 할수록 세월을 뛰어넘어 오래 산다고 하니 얌전 빼며 살 일이 아니다. 옛날만 한 친구 없다고, 늙어도 골수에는 동심(童心)의 치기(稚氣)가 화석처럼 각인되어 있는 법. 그렇게 내리 짓밟혀도 꿋꿋하게 생명력을 잃지 않는 저 드센 그령처럼 살리라.

나비의 날갯짓으로 토네이도를?

호랑나비, *Papilio xuthus*

설늙은이 얼어 죽는다는 꽃샘추위가 지나면, 어김없이 백화난만(百花爛漫)하는 싱그러운 봄이 할금할금 찾아든다. 봄볕에 그을리면 보던 임도 못 알아본다고, 겨울 난 여린 살결 자외선에 쉽게 탄다. 또 봄에 흰나비 보면 엄마 죽는다 하여 금방 보고서도 '아니야, 아니야, 노랑나비 봤어.' 하고 체머리를 흔들었는데……. 암튼 화접(花蝶)은 뗄 수 없는 연분을 맺었다. 헌데 꽃이 고와야 나비가 모인다고, 내 딸이 예뻐야 사위를 고르지.

하늘하늘 팔랑팔랑, 가녀린 호랑나비나 제비나비도 늘 다니는 길이 있으니 그것을 '나비길(접도(蝶道)라는 말은 들어 보셨는가.)'이라 한다. 나비의 날갯짓 속도는 종류나 기후에 따라 다르지만 평균하여 1초에 20여 번으로 초속 0.9미터이며, 나비 비늘은 지붕 기왓장을 포개어 놓은 듯 비늘 축받이에 끼어 있어 잘 빠지지 않는다. 또 나비는 가시광선 말고 자외선도 알아보니, 늙다리 수놈들은 비늘이 낡고 닳아 자외선 반사가 흐릿하기에 암놈들이 본체만체한다. 그리고 날개 윗면과 아랫면의 색이 다르니, 전자는 친구와 짝을 알아보는 신호로 쓰고, 후자는 보호색으로 이용한다.

옛사람들이 화려하고 현란한 색상과 무늬를 뽐내는 나비 비늘(인분(鱗粉)이라고도 한다.)에서 물감을 뽑아 보려고 하였다는데 과연 성공하였을까? 꽃잎을 따서 손가락으로 꽉 눌러 으깨어 보면 색소가 묻어나지만, 쓱 문지른 나비 날개에서는 무색의 가루만 묻어난다. 도대체 어찌 노랑과 빨강, 파랑의 그 영롱한 비늘 빛깔이 감쪽같이 사라졌단 말인가?

꽃잎은 나름대로 색소가 빛을 내지만 인분은 색소 없이 색을 내는 구조색(構造色)이다. 색소가 발하는 색깔은 모든 각도에서 봐도 같지만 인분은 광결정체(光結晶體)인 나노 구조(nanostructure)라 다른 각도에서 보면 약간씩 다르게 보인다. 다시 말하지만 손가락에 묻은 나비 비늘이 무색인 것은 나노 구조가 파괴되어 본래의 빛이 사라진 때문이다. 하여 아리따운 꽃잎이 '생화학'적인 고운 색소를 품었다면 곱상한 나비 날갯죽지는 '물리학'을 싣고 휘날린다. 진주조개, 오팔, 공작의 꼬리 깃털, 딱정벌레의 찬란한 물색도 화학 색소가 아니고 나노 구조란다.

헌데 나비 한 쌍이 살랑살랑 스치듯 맞듯 잇따라 맞닿기를 하는데, 이는 결코 밀월여행이 아니라 수컷의 항문 근처에 있는 연필지우개 닮은 돌기로 암놈 더듬이에 사랑의 향수(성페로몬)를 묻혀 주는 짓이다. 그렇게 1시간 넘게 전희(前戲)하다가 이윽고 후미진 곳에 사뿐히 내려앉아 너부죽이 날개를 펴고는 둘의 아우름이 일어난다.

그리고 주지하다시피 에드워드 노턴 로렌즈(Edward Norton Lorenz)의 '나비 효과(butterfly effect)'란 브라질의 나비 한 마리의 날갯짓이 미국 텍사스에서 토네이도를 일으킨다는 이론으로, 사소한 일도 나중에 커다란 결말을 가져오니 마땅히 대수롭잖고 미미한 것이라도 얕보지 말라는 것이다.

나비 중에서 애호랑나비나 모시나비 무리의 수놈은 생뚱맞게도 암놈 자궁에 정자와 함께 큼직한 영양 덩어리를 슬며시 삽입한다. 놀랍게 거기에는 성욕 억제제가 들어 있어 암놈 나비로 하여금 다시는 더 짝짓기를 하고 싶지 않게 할뿐더러, 반투명한 이것이 점점 딱딱하게 굳어져 자궁 입구를 틀어막아 버리니 이를 수태낭(受胎囊)이라 부른다. 일종의 정조대인 셈이다. 이 얼마나 이기적인 수컷들의 생식 행태란 말인가. 오로지 제 씨(유전 인자, DNA)만 퍼뜨리겠다는 밉상 수놈들의 짓궂은 심보에 아연히 혀가 내둘린다.

나비야 청산(靑山) 가자 범나비(호랑나비) 너도 가자. 가다가 저물거든 꽃에 들어 자고 가자. 꽃이 푸대접하거든 잎에서나 자고 가자.

짧고 굵게, 초파리의 한살이

노랑초파리, *Drosophila melanogaster*

파리와 모기, 등에는 절지동물, 쌍시목(雙翅目, 파리목)의 전형적인 곤충이지만 하나같이 날개가 한 쌍(雙翅)이다. 이들도 애초엔 날개가 네 장이었으나 뒷날개가 퇴화하여 흔적만 남았다. 파리를 잡아 보면 얇디얇은 하얀 살점 조각이 앞날개 뒤, 양편에 붙었으니 곤봉(棍棒)을 닮았다 하여 평형곤(平衡棍, balancer)이라 한다. 그것은 몸의 균형과 방향을 잡는 방향타 역할을 한다. 하여 앞날개를 둔 채 평형곤을 바늘로 찔러 버리면 제대로 날지 못한다.

옛날엔 거의가 자급자족한지라 집집이 초단지가 있었다. 청주 병에 맛이 간 막걸리를 부어 뜨뜻미지근한 부뚜막에 놓아두면 초산 발효를 하여 식초(초산)가 된다. 초산균은 호기성 세균이라 반드시 병뚜껑을 열어 공기(산소)가 통하게 한다. 바로 이 식초 병에 즐겨 날아드는 꼬마

파리가 있으니 파리목, 초파릿과의 초파리다. 서양에선 과일에 꾄다 하여 '과일파리(fruit fly)'라 부른다.

보통은 포충망으로 풀숲을 쓱쓱 마구 닥치는 대로 쓸어 채집한다. 더군다나 집에서도 과일 껍질을 모아 두면 눈곱만 한(3밀리미터 남짓한 크기다.) 녀석들이 몰려들어 새끼치기를 한다. 특히 곰삭은 바나나에 떼거리로 달려든다. 초등학교 과학 시간에도 이런 초파리 배양 실험을 한다. 우리가 흔히 보는 것은 야생종인 노랑초파리로, 몸은 연노란 갈색이고 빨간 겹눈을 가진다. 그리고 과일이나 술을 좋아하는 탓에 사람과는 뗄 수 없는 생물이다.

해부 현미경으로 보면 암컷은 배에 가로로 검은 고리가 다섯 개이고, 수컷은 세 개면서 끝의 것이 아주 크다. 또 암컷은 수컷보다 좀 크고, 배 끝이 뾰족한 데 비해 수컷은 뭉툭하다. 수놈 앞다리의 첫 발목마디에는 검은 센털이 줄지어 나니 암컷에 엉겨 붙는 데 쓰는 빗 닮은 성즐(性櫛, sex-comb)이다. 집집마다 해부 현미경이 한 대씩 있었으면 좋으련만······.

초파리는 다루거나 키우기 쉽고, 한살이가 일주일 남짓으로 매우 짧으며, 알을 많이 낳아 통계 처리가 용이하다. 또한 염색체가 여덟 개로 적으며, 유생 침샘에 거대 염색체가 있어서 그지없이 좋은 실험 모델 생물이다. 게다가 유전, 발생, 행동, 생태학 등은 물론이고, 병을 유발하는 유전 인자가 사람 것과 75퍼센트나 유사하여 당뇨나 암, 면역, 노화, 치매 등의 연구에 쓰인다.

생명의 이름

초파리는 날개 떪(1초에 220번)으로 사랑 노래를 부르고, 또 농밀한 애무도 한다. 수놈들이 비로소 암내를 맡고는 들떠 안달이다. 암놈을 에워싸고 춤추고, 암놈 뒤꽁무니를 졸졸 따라다니며 지겹게 보챈다. 바짝 몸을 낮춰 앞다리로 꼬리를 토닥이다가 순간 번개처럼 짝짓기 한다. 교미 시간은 고작 15~20분간이고, 암놈은 거듭거듭 여러 수놈과 교잡을 이어 간다. 이렇듯 어느 생물이나 DNA를 남기자고 죽을힘을 다해 살아간다.

초파리는 한평생 지름이 0.5밀리미터인 400여 개의 알을 네댓 번에 걸쳐 발효나 부패 중인 과일이나 버섯 따위에 낳는다. 또한 알, 애벌레, 번데기, 어른벌레를 거치는 갖춘탈바꿈을 한다. 알은 이내 부화하여 애벌레(구더기)가 되고, 나흘 동안 두 번 허물을 벗은 뒤에 번데기가 되며, 다시 나흘 후에 날개돋이(우화(羽化)라는 말을 아시는가?)하여 깜찍한 성충이 된다. 그리고 하루 만에 벌써 짝짓기를 한다.

나는 술을 마시고 눈망울이 불그레해진 사람을 우스갯소리로 "초파리 같다."고 한다. 실제로 야생초파리는 눈이 빨간 데다 알코올 분해(탈수소) 효소를 듬뿍 지닌다. 그런데 사람들 중에는 도무지 술을 입에 대지 못하는 이들이 더러 있으니 술 분해 효소를 만드는 유전자가 없는 내림 탓이다.

낙타가 무슨 죄랴

쌍봉낙타, *Camelus bactrianus*

알다시피 동물과 사람에게 두루 일으키는 전염병을 인수 공통 전염병(人獸共通傳染病)이라 하는데, 보통 동물에게서 사람으로 옮긴다. 그중에는 동물과 사람 모두에게 중증인 광견병 같은 병이 있는가 하면, 사람에겐 중병을 일으키나 동물에게선 비교적 가벼운 증세를 보이는 것도 있다. 사우디아라비아의 낙타에게서 감염, 전파되었을 것으로 추정되는 코로나바이러스성 메르스(MERS, Middle East Respiratory Syndrome)가 후자에 속한다. 낙타는 이 바이러스에 걸려도 큰 탈 없이 배겨 낸다는 말이다.

인류는 긴긴 세월을 두고두고 바이러스와 세균, 곰팡이의 숱한 도전(挑戰)을 받았으나 그때마다 슬기롭게 응전(應戰)해 왔고 앞으로도 그럴 것이다. 이제는 푹 수그러들어 한시름 놓게 된 고얀 메르스도 그렇다.

이는 오직 우리 의료진의 피땀 어린 노고 덕택이다.

이참에 낙타가 어떤 동물인지 좀 알아보자. 낙타를 순우리말로는 '약대'라 한다. 약대는 사막 사람들에겐 무거운 짐을 운반하는 '사막의 배'이자 고기와 젖, 털을 대는 가축이면서, 전쟁 통에는 전차(탱크)였다.

낙타는 소목(目), 낙타과(科)의 포유동물로, 발굽이 두 개인 우제류(偶蹄類)다. 또 두두룩하게 솟은 잔등의 몬다위(육봉(肉峰)이라는 말을 쓰기도 한다지.)가 하나인 단봉(單峰)낙타와 둘인 쌍봉(雙峰)낙타로 나뉘는데 단봉낙타가 그중 90퍼센트를 차지한다. 단봉낙타는 몸길이 3미터 남짓이고, 키 1.8~2.1미터, 체중 450~600킬로그램으로 아프리카와 중동, 인도 북서부에서, 또 쌍봉낙타는 단봉보다 좀 작고, 털이 굵고 길며, 파키스탄과 고비 사막, 몽골 등지에서 집짐승으로 키워 왔다. 그리고 특이하게 땅바닥에 앉은 채로 짝짓기하고, 400여 일의 임신 끝에 새끼 한 마리를 낳는다. 본디 어릴 적엔 몬다위가 없다.

사막은 센 볕에 모래바람이 거세고, 물이 적으며, 낮엔 무지 덥지만 밤 되면 성큼 썰렁해진다. 낙타는 이런 거친 사막 기후를 견딜 수 있게 적응하였다. 목이 길어 큰키나무 잎을 따 먹고, 혀와 입술이 두꺼워서 억센 가시식물을 먹는다. 소처럼 되새김위를 가지며, 첫째 위(혹위)를 말려 수통(水桶)으로 쓴다. 기다란 속눈썹으로 센 빛을 가리고, 휘몰아치는 바람모래를 가려 시야를 확보한다. 코는 맘대로 여닫을 수 있고, 귀에는 털이 수북이 나 있어 날아드는 모래를 막는다. 발바닥은 스펀지처럼 푹신하고 넓적해서 발이 모래에 빠지지 않고, 다리가 길어서 뜨거운 지열을 덜 받으며, 두터운 털은 열의 전도를 차단한다.

그리고 물을 아끼게끔 되어 있다. 땀을 적게 흘리는 편이고, 콩팥요세관의 물 재흡수가 아주 세서 소변이 걸쭉한 시럽 같으며, 대변은 물기 하나 없이 땡글땡글하다. 또 날숨(호기) 때의 습기를 긴 콧구멍에 가뒀다가 들숨(흡기) 때 허파로 되넣는다.

또한 낙타 등짝의 몬다위는 결코 물주머니가 아니고 지방 덩어리다. 먹잇감이나 물이 떨어지면 육봉의 지방을 쓰기에 혹이 점점 작아지고 물렁해진다. 다시 말하여 몸의 탄수화물이 동나면 지방이 지방산과 글리세롤로 분해되고, 미토콘드리아의 세포 호흡으로 열과 에너지를 내면서 지방 1그램에서 물 1그램쯤이 생긴다. 힘든 절식과 고된 운동 끝에 우리 몸의 뱃살(기름)이 빠지는 것과 같은 이치다. 결국 몬다위는 밥통이요, 물통인 셈이다.

그런데 비록 낙타가 메르스에 걸린 적이 있어 항체(抗體)가 생겼다고는 하나 그것이 불명확하다 한다. 그래 애먼 낙타만 누명을 쓰는 것은 아닌지 모르겠다. 어쨌거나 약대는 예사롭지 않은 동물이렷다.

뿌린 대로 거두리라

씨앗, seed

선농일체(禪農一體)라고, 정녕 텃밭은 나의 배움터다. 요새 밭갈이에 눈코 뜰 새가 없다. 손바닥만 한 밭뙈기도 내겐 버거워 한바탕 쏘대고 나면 허리가 내 것이 아니다. 암튼 그리하여 푸성귀도 뜯어 먹고 몸 운동도 하며, 때론 글감을 줍기도 하니 일거삼득이다. 일일부작(一日不作) 일일불식(一日不食)이라 하였겠다.

밭 흙을 뒤집으며 자갈을 골라내고 가랑잎도 주섬주섬 줍는다. 흙 알갱이를 알알이 조물조물 부숴 흙고물을 만든다. 그때 손가락 끝에 느껴지는 싸늘하고 보들보들한 촉감은 필설로 다 못한다. 어쨌거나 뼈 빠지게 짐 지고 일한 농부는 죽어서 어깨부터 썩는다던데 난 허리부터 뭉크러질 지경이다.

"농부는 굶어 죽어도 씨앗은 베고 죽는다."고 한다. 그런데 씨알이나 새알이나 알이란 알은 죄다 오롯이 둥글다. 헌데 저 작은 한 톨의 종자에 먹음직한 채소와 청청거목이 이미 들었다니 엄청 신비롭다. "바보도 사과 속의 씨는 헤아리지만 한 개의 씨앗에 든 사과는 신만이 헤아릴 수 있다. (Anyone can count the seeds in an apple, but only God can count the number of apples in a seed.)"는 서양말이 있다.

싹틈도 각양각색이다. 무르익은 종자도 금방 발아하지 않고 일정한 휴면기(休眠期)를 지내야 발아하니 이를 후숙(後熟)이라 한다. 그리고 생뚱맞게도 산불에 씨앗이 그슬려야 발아가 되는 것이 있고, 동물의 뱃속 소화 효소에 껍질이 녹아야 싹을 틔우는 것도 있다.

씨의 발아에는 물과 산소, 온도가 필수적인 요소이다. 적당한 온도에서 물을 흡수한 씨앗은 아밀라아제(amylase) 등의 효소가 떡잎이나 배젖의 고분자 영양분을 매우 간단한 포도당, 아미노산, 지방산 등으로 분해한다. 그리고 산소는 그것들을 산화시켜 발아 대사에 필요한 에너지를 댄다. 그래서 콩과 콩나물, 보리와 엿기름의 영양소가 영 다르다.

종자를 퍼뜨리는 방법도 식물에 따라 갖가지다. 괭이밥이나 봉선화는 스스로 터지고, 도깨비바늘과 도꼬마리는 딴 동물에 묻어서, 단풍나무는 팔랑개비로 날아서, 상추나 민들레는 갓털(관모(冠毛)라는 말은 앞에서 살펴보았다.)로 바람에 날려 널리 흩어진다. 또 제비꽃 씨앗 같은 것에는 달콤한 지방산과 단백질 덩어리인 새하얀 엘라이오솜(elaiosome)이 붙어 있다. 개미가 꽃씨를 제 집으로 물고 가 그것만 똑 떼어 먹고 버린다.

씨앗을 본떠 만든 것도 더러 있다. 낙하산은 민들레 씨앗이 바람 타고 나는 모습을, 헬리콥터의 프로펠러는 단풍나무 씨앗이 뱅글뱅글 돌면서 떨어지는 것을, 흔히 '찍찍이'라고 부르는 '벨크로(velcro)'는 우엉 씨앗을 흉내 내어 만들었다고 한다.

배움이 그렇듯 파종도 때가 있다. 헌데 흙에선 썩힘을, 곡식의 자람에선 기다림을 배운다. 또 가르침과 가꿈은 마냥 기다리는 것이라 결코 드잡이하고 닦달한다고 되지 않는다. 조장발묘(助長拔苗, 새싹의 목을 잡아 뽑는다.)한다고 크지 않듯이 말이다.

뿌린 대로 거두리라. 늙어 게으름은 죽음에 이르는 지름길, 놀면 녹슨다. (If I rest, I rust!) 문득 "녹슬어 없어지기보다는 닳아 없어지길 원한다."던 조지 휘트필드의 말이 떠오른다. 그럼, 그래야지.

2부

옛이야기 지줄대는 실개천

물총새 천세 만세!

물총새, *Alcedo atthis*

놀던 강물이 바다로 드는 것도 몰랐던, 시골 무지렁이로 산 어리석은 어린 시절이 있었다. 한여름에는 시골 동네 앞을 휘몰아 흐르는, 지리산에 뿌리를 둔 큰 강줄기는 우리들의 놀이터로 노상 거기서 살다시피 하였다. 덕천강(德川江)은 진주 진양호(晉陽湖)에서 잠시 머물다가 남강을 따라 낙동강으로 흘러들어, 김해 삼각 평야 끝자락의 을숙도(乙淑島)를 스쳐 지나 남해 바다에 든다. 바다가 강보다 훨씬 낮게 자리하기에 강물이 흘러내린다. 우리는 여기서 하심(下心)을 익힌다.

해불양수(海不讓水)라, 바다는 어떠한 물도 마다하지 않고 받아들여 드넓고 깊다란 대양(大洋)을 이루고, 산불양토(山不讓土)라고 산은 한 줌의 흙도 사양치 않아 태산을 이룬다. 부산모해(父山母海)라 하였던가. 지혜로운 아버지는 산과 같고, 자비로운 어머니는 바다 같으시다.

웃통도 벗고 삼베 몽당바지 하나만 걸쳤으니, 그 따가운 여름 볕을 온통 내리받았지. 가뜩이나 새까매진 피부는 반질반질 광택이 날 지경이었으니 아프리카 사람들도 저리가라다. 강고기를 잡는다는 주제에 반두, 족대가 어디 있나. 큰 돌로 강바닥의 강돌을 메치거나, (우리 시골에서는 '메방'이라고 했던가.) 손더듬이 하여 물고기나 다슬기, 징거미(새우) 같은 단백질거리를 사냥한다. 지금 와 생각하니 그래도 정녕 그때가 좋았다.

이렇게 천렵(川獵)꾼이 되어 물놀이를 하는 동안에 아리땁고 품새 좋은 물새를 만나니, 물고기 잡는 데 으뜸가는 날쌘 물총새다. 물총새는 파랑새목, 물총샛과에 들며, 한국에는 물총새와 호반새, 청호반새 세 종이 살고, 물총새는 그중에서 가장 작은 꼬마둥이 새다.

또 물총새는 유럽, 아시아, 북아프리카에 주로 살고, 우리나라에는 여름 철새로 남부 일부 지방에서는 월동하기도 하지만 주로 인도네시아나 말레이시아, 필리핀 등지로 이동(migration)하여 겨울나기를 하니, 강이 얼면 먹이를 잡을 수 없어 이주한다.

물총새(common kingfisher, *Alcedo atthis*)는 머리와 눈은 크고 목은 짧으며, 몸길이 16센티미터에 날개 편 길이 25센티미터, 체중은 34~46그램, 짤따란 꽁지에 몸은 통통하고, 발과 발가락은 아주 붉으며, 다리는 짧고 앞발가락 세 개는 붙어 있다. 머리와 날개 위는 반드르르 광택 나는 청록색, 등은 파랗고 멱(목의 앞쪽)은 흰색, 배는 주황색이며, 목 옆면에는 밤색과 흰색 얼룩이 있다. 부리는 유별나게 길어서 30~45밀리미터로 검고 길고 뾰족하며, 암컷의 아랫부리는 붉다.

　　　　　　　　　　　　　　　생명의 이름

노래를 할 줄 모르고, 그냥 "치치" 또는 "치치치" 하고 두세 번 지저 권 따름이며, 텃세가 아주 센 편으로 텃세권은 어림잡아 1~3.5킬로미 터에 달한다. 영어의 보통이름 'common kingfisher'에서 'common'은 '흔하게 보이는', 'king'은 '으뜸', 'fisher'란 '물고기를 잡아먹는 동물'을 총칭하니, '고기 잡는 귀신' 정도의 뜻이 들어 있다 하겠다.

이들은 천천히 흐르는 맑은 물가를 사냥터로 정하고, 연못가의 나뭇 가지나 너럭바위 따위의 정해진 망대(望臺)에 앉는다. 나지막하게 수면 에서 1~1.5미터쯤에 있는 홰에 올라 나붓이 엎드려 목을 빼고 기다리 다가 물고기가 나타나면 퐁당 쏜살같이 날렵하게 물속 25센티미터 깊 이까지 들어가 깔축없이 낚아챈다. 얼마나 빠르게 잠수(潛水)하기에 '물 총새'라는 이름이 붙었겠는가. 그런가 하면 때때로 공중에서 멈춘 상 태로 팔랑팔랑 날개 흔들며 한자리에 머무는 정지 비행을 볼라 치면 신비로움 그 자체다! 이때다 싶으면 벼락같이 휙 내리꽂는다. 물고기 큰 놈 한 마리가 턱하니 입에 물렸다!

잡은 물고기를 바위나 나뭇가지에 짓이겨서 죽이거나 기절시킨 다 음, 비늘이나 지느러미가 목에 걸리지 않게끔 머리부터 꿀꺽꿀꺽 삼킨 다. 먹이는 60퍼센트가 물고기이고 나머지는 올챙이나 개구리, 잠자리 유충(학배기), 새우 등의 수서 곤충이며, 날마다 오지게도 제 몸무게의 50퍼센트나 되는 먹이를 잡는다. 그리고 다른 맹금류가 뼈나 새털을 토 해 내듯이, 이들도 하루에 몇 번씩 뼈나 비늘, 이석(耳石, 머리 속귀에 있는 하 얀 골편) 따위의 소화되지 않은 펠릿(pellet)을 게워 낸다.

수컷이 암컷에게 물고기를 선물하며 갖은 아양을 부려 암컷 마음을 사서 짝을 맞추게 된다. 물가의 깎아지른 흙 벼랑 언덕 위에 동그마니 몸 하나 들 수 있는 60~90센티미터 깊이의 구멍을 똥그랗게 파 둥지를 틀며, 끝자리 막장에 널따란 보금자리인 알자리(산란장(産卵場)이라는 말을 들어 보셨을 것.)를 마련하고, 물고기 뼈를 토해 바닥에 깐다. 길이 2.2센티미터, 폭 1.9센티미터, 무게 4.3그램인 둥글고 반점 없는 새하얀 알을 한 배에 5~7개 낳아, 낮에는 암수가 갈마들며 품지만 밤에는 암컷이 포란(抱卵)한다. 포란 기간은 19~20일이고, 24~25일간 육추(育雛, 알에서 깐 새끼를 키우는 것을 뜻한다.)한다.

저 높은 절벽 윗자락에 몰래몰래 들락거리는 물총새 굴이 바야흐로 발각되고 만다. 또래들은 흥분하여 어깻죽지 올라타기 하여 굴 속에 슬며시 팔을 뻗어 넣는다. 동글동글한 알을 끄집어내거나 새끼들을 잡는 등 그들을 무진 못살게 굴었다. 지금 생각하니 참 미안하다. 안절부절 질겁한 물총새도 발칵 뿔이 나 그냥 당하지만 않고 꾸러기들 주변을 맴돌지만, 깐치(까치) 정도면 몰라도 꼬마둥이 물총새쯤이야 아랑곳 않는다. 이래저래 그들이 시나브로 지구를 떠나게 한 범인(犯人)이 우리다.

매무새가 비슷하게 생겼거나 흡사한 행동을 하는 사람들을 놓고 '같은 과(科)'라는 말을 한다. 생태는 물총새와 모양새가 유사한 같은 과의 호반새(ruddy kingfisher)도 여름 철새로, 몸길이가 27센티미터로 물총새보다 훨씬 크고, 전체적으로 생김새는 과히 다르지 않지만 깃털이 주황색으로 불그스름한(ruddy) 것이 색다르다.

청호반새(black capped kingfisher)도 여름 철새로, 몸길이 29센티미터로 호반새보다 덩치가 조금 크고, 머리와 날개 끝은 검은 색(black capped)이며, 목과 멱은 흰색, 꼬리는 광택 나는 진한 파란색이며, 부리와 발은 물총새에 비해 덜 붉다. 역시 맵시 등이 물총새와 별반 다르지 않다.

이들은 모두 강과 물고기의 지표종(指標種, indicator species)으로, 물총새 무리들이 득실대야 냇물도 건강하고, 터줏고기들도 들끓는다는 말이다. 즉 물총새를 보면 강물과 물고기가 한눈에 보인다. 시골에 갈 때마다 강가를 어슬렁거리며 물총새를 찾는데, 예전에는 간간이 눈에 띄었으나 요새는 어쩐지 눈을 닦고 봐도 보이지를 않는다. 물총새야, 우리 같은 인간 나부랭이의 횡포 탓에 죽기 살기로 버둥대다가 영영 지구를 떠난 것은 정녕 아니겠지. 아무렴 그래야지. 물총새 천세 만세!

애지중지 알짜배기 부평초 신세?

개구리밥, *Spirodela polyrhiza*

장마가 끝나고 한창 햇볕이 쨍쨍 내리쬐는 노염(老炎)이 이만저만 아니다. "말복 나락(벼) 크는 소리에 개가 짖는다."란 벼가 하도 빨리 자라 마디가 쭉쭉 늘어나는 기척이 있을 정도라는 말이다. 아무렴 옛 어른들의 풍자와 해학은 알아줘야 한다. 비노니 올해도 풍년 들어 저 어진 농민의 마음을 한껏 달래 주시라!

이 무렵엔 땡볕에 논물이 지글지글 끓어 개구락지도 무논에 들었다가 '앗, 뜨거워!' 놀라 박차고 튀어나온다. 게다가 이 논바닥 저 논고랑 할 것 없이 둥둥 떠 있는 꼬마 부엽 식물(浮葉植物)인 개구리밥이 자작자작 잦아든 논물을 퍼렇게 이불처럼 덮었다. 평수(萍水), 수평(水萍), 머구리밥이라고도 부르는 개구리밥이 바로 부평초(浮萍草)다.

부평초는 '물에 뜨는 잡초(floating weed)'라는 뜻이다. 사람이 산다는

82   생명의 이름

것이 마치 물위의 개구리밥과 같이 대수롭지 않고, 보잘것없이 떠도는 한생이라는 뜻으로 '부평초 인생'이라거나 '부평초 신세'라 한다. 물이 넘치거나 물꼬를 틔우는 날에 논길물이나 도랑물이 흐르면 흐르는 대로 몸을 물살에 실어 둥둥 떠내려간다.

헌데 개구리는 풀을 먹지 않고 살아 있는 벌레만 먹는 육식 동물로, 풀을 먹지 않는데도 엉뚱하게도 '개구리밥'이라는 이름이 붙었다. 이는 그들의 놀이마당인 무논에 개구리밥이 가득하지 않은 곳이 없고, 천방지축으로 떠들썩거리며 물을 휘젓고 다니던 개구리가 물위로 대가리를 쏙 내밀었을 적에, 소소한 개구리밥이 눈가 입가에 더덕더덕 붙은 것을 보고 어림짐작으로 붙였을 터. 그러나 서양 사람들은 마땅히 오리가 달갑게 즐겨 먹는 풀이라 하여 걸맞게 '오리 풀(duck weed)'이라 불렀겠다.

개구리밥은 천남성목, 개구리밥과의 한해살이풀로 논이나 연못, 늪지에 살며, 식물 본체보다 긴 실 같은 뿌리가 7~12가닥 난다. 개구리밥은 작은 잎처럼 생긴 납작한 엽상식물(葉狀植物)로 달걀을 거꾸로 세운 꼴이며, 길이 5~8밀리미터, 너비 4~6밀리미터 안팎의 아주 작은 꼬마둥이로 한국에는 개구리밥과 좀개구리밥 두 종이 있다. 윗면은 녹색이나 아랫면은 자주색이고, 2~5개의 개구리밥이 서로 마주보고 줄줄이 붙어 있지만 그 하나하나가 한 개체의 개구리밥이다.

식물체(엽상체(葉狀體)라고도 한다지.)의 아랫면 한가운데에서 나온 뿌리는 흙바닥에 박히지 못하기에 그냥 물에 녹아 있는 양분(비료 성분)을 흡수한다. 또 꽃을 피우는 현화식물(顯花植物, flower plant) 중에서 제일 작은 꽃을 피운다지만 실제로 꽃을 피우는 경우는 아주 드물다고 한다. 대신 몸에서 생긴 타원형의 작은 겨울눈(동아(冬芽))으로 월동하고, 이듬해 봄에 발아하여 새 생명체가 생긴다.

"고랑도 이랑 될 날 있다."더니만, 여태 내팽개쳤던 보잘것없는 개구리밥이 이제야 애지중지 알짜배기 대접을 받는다. 단위 시간에 옥수수보다 대여섯 배 많은 녹말(전분)을 만들어 내기에 새로운 청정 생물 에너지(bio-energy)를 얻기 위해 각국이 머리를 싸매고 애써 구슬땀 흘린다고 한다.

부유 생물(浮遊生物)인 물 위의 방랑자 플랑크톤(plankton)을 북한에서는 '떠살이생물'이라 한다지. 떠살이든 머구리밥이든, 정처 없이 떠돌며 발길 닿는 대로 살아간다는 점에서는 한통속이다. 아무렴 부지거처(不知去處)하며 팔도를 떠다니는 부평초 신세라고 쓰이는 개구리밥 이야기를 두서없이 들려드렸다. 이렇게 우리말에 여러 생물 이야기들이 깃들어 있더라!

생명의 이름

연, 군자와 자비의 꽃

연, *Nelumbo nucifera*

음력 4월 초파일은 부처님 오신 날이다. 물은 연잎을 적시지 않고, 연잎은 물을 깨뜨리지 않는다. 연꽃은 듬뿍 채움 없이 감당할 만한 물만 품고 있다가 버겁다 싶으면 선뜻 다소곳이 머리 숙여 미련 없이 훌렁 비워 버린다. 마음의 잡초요, 고통의 뿌리인 탐욕과 집착을 털어 버리라는 맑은 가르침을 주는 고운 미소 띤 연화(蓮花)다. 불교의 거룩한 상징물인 소담스럽고 싱그러운 연꽃(*Nelumbo nucifera*)은 수련과의 여러해살이 물풀로, 한국과 중국, 일본, 동남아, 호주 등지에 널리 퍼져 살며, 잎사귀를 물위에 띄우는 부엽 수생 식물(浮葉水生植物)이다.

붉거나 흰 빛깔인 연꽃은 보통 7~9월에 피는데, 이른 아침에 벌기 시작하여 정오경에 환히 웃다가 저녁 무렵에 일순간 오므라들며, 그러기를 꼬박 사나흘 되풀이하고는 이내 곧 이운다. 꽃 하나에 18~26장의 꽃잎이 다닥다닥 매달리며, 꽃잎은 달걀을 거꾸로 세운 차림새다. 연은 한 꽃 속에 수술과 암술이 모두 있는 양성화로 꽃봉오리 하나에 300개 남짓한 수술과 40개 안팎의 암술이 열리고, 꽃이 진 자리에 열매(연밥)가 맺히며, 거기에는 15~25개의 씨가 든다.

뿌리줄기(근경(根莖)이라는 말도 있다.)인 연근을 가로썰기 해 보면 가운데 하나, 그 둘레에 둥글넓적한 7~8개의 구멍이 숭숭 뚫려 있다. 이는 물속 진흙에 묻혀 있는 근경이 산소가 부족하기 쉬운 까닭에 평소 공기를 넉넉히 저장해 두는 공기 저장 조직으로, 수생 식물의 공통 특징이다.

그런데 지금껏 연잎에 옥구슬이 방울방울 또르르 구르는 것은 단순히 잎의 밀랍(wax) 때문이라 여겼으나 사실은 그것 말고도 다른 까닭이 있다. 물방울은 높은 표면 장력 탓에 표면적을 줄이려고 언제나 똥그란 방울(구형)을 이룬다. 또 반들반들하고 매끄럽게 보이던 연잎 표면을 주사 전자 현미경으로 들여다보면 높이 10~20마이크로미터, (1마이크로미터는 1,000분의 1밀리미터다.) 너비 10~15마이크로미터의 복잡한 나노 구조(nanostructure)로 울퉁불퉁한 돌기가 촘촘히 나 있어 물이 쉽사리 접착되지 않는다.

좀 더 설명을 보태면, 물을 몹시 꺼리는 연잎의 초소수성(超疏水性)은 나노 구조에 따른 접촉각(接觸角, contact angle)과 관련이 있다. 접촉각이란 액체가 고체와 접촉할 때 액체와 고체면 사이에 이루는 각도를 말하며, 액체가 고체에 완전히 달라붙으면 접촉각은 0도이고 전연 접촉하지 않을 때가 180도다. 따라서 접촉각이 크면 클수록 소수성이 높은 것으로, 연잎은 나노 구조 탓에 접촉각이 147도라 실제로 연잎과 물방울이 맞닿는 접촉 면적이 겨우 잎의 2~3퍼센트에 지나지 않는다고 한다. 이렇게 물방울이 바닥에 묻어 번지지 못하고 공중에 붕 떠 있는 이런 상태를 '연잎 효과(lotus leaf effect)'라 이른다.

이렇듯 물방울이 불안하다 보니 물이 모이는 족족 한꺼번에 와르르 좍 쏟아지는데, 이때 잎에 묻은 자질구레한 먼지나 포자, 세균도 함께 물방울에 말끔히 씻겨 나가 광합성도 훨씬 잘 된다. 한편 한련(旱蓮)이나 토란(土卵) 잎, 나비·잠자리의 날개도 연잎 효과에 따른 자정(自淨) 덕에 언제나 맑고 깨끗하다. 하여 나노 기술자들은 이런 성질을 이용하여 물기와 잡티가 묻지 않는 코팅, 페인트, 타일, 섬유, 유리판, 스마트폰 등을 만든다.

연꽃은 예부터 속세에 물들지 않는 군자의 꽃으로 여겨졌고, 비록 지저분한 구정물에 살지만 때 묻지 않기에 불교의 심벌이었다. 더욱이 붓다가 태어나 걸음마 하는 곳곳마다 자비(慈悲)의 꽃이 널리 피었다 하여 불가에서는 자못 깊게 아끼고 높이 기린다.

생명의 이름

강물로 이끄는 연가시의 꾀

연가시, *Gordius aquaticus*

"고요한 새벽녘 한강과 전국 방방곡곡의 강물에서 뼈와 살가죽만 남은 참혹한 몰골의 시체들이 떠오르기 시작하는데, 그 원인은 치사율 100퍼센트인 '변종 연가시'가 인간의 뇌를 조종하여 막무가내로 강물에 뛰어들도록 유도한 탓이다. …… 4대강을 타고 급속하게 번져 나가는 '연가시 재난'에 감염자를 격리 수용하려 하지만 갈증에 이성을 잃은 감염자들은 통제를 뚫고 물가로 뛰쳐나가려고 발버둥을 친다. …… 일에 치여 가족을 챙기지 못하였던 주인공은 연가시에 감염된 처자식을 살리기 위해 치료제를 찾아 고군분투한다." 영화 「연가시」의 내용이다. 다행히 실제로 연가시나 변종 연가시에 사람이 감염될 위험은 없다 한다. 허나 연가시의 생리와 생태, 한살이(생활사)를 알면 이 영화를 이해하는 데 도움이 될 터이다.

연가시(*Gordius aquaticus*)는 연가싯과의 동물로, 형태나 생태가 선형동물(線形動物, Nematodes)과 유사한 유선형동물(類線形動物, Nematomorpha)에 넣는다. 성체는 동그란 것이 굵기 2밀리미터, 길이 50~100센티미터 남짓이고, 가장 작은 종은 1~3밀리미터이지만 제일 큰 종은 2미터나 되고, 몸빛은 대체로 옅은 회갈색이거나 거무스레하다. 성체는 물탱크나 물웅덩이, 수로, 개울에서 자유 생활을 하지만 유충은 숙주(宿主)인 귀뚜라미, 메뚜기, 베짱이, 여치, 사마귀, 바닷게 등에 기생(寄生)한다.

우리나라에서는 아홉 종이 보고되어 있고, 세계적으로 얼추 350종이 알려져 있다. 몸의 겉은 질긴 큐티클(cuticle)로, 속은 종주근(縱走筋)으로만 되어 있으며, 내장과 배설기관, 호흡기관, 순환기관이 퇴화하였지만 신경 하나는 발달한 편이다. 우리는 연가시가 철사 모양을 한다 하여 '철선충(鐵線蟲)'이라고도 하는데, 서양에서는 '우연히 말총이 물에 떨어져 생긴 놈'이라 하여 '말총벌레(horsehair worm)'라 부른다. 헌데 정작 '연가시'의 뜻을 알 수 없다니 자가당착이 따로 없다.

연가시는 자웅 이체(암수딴몸)로 체내 수정을 하는데, 짝짓기 때는 암수가 한데 엉겨 붙어 야문 공 모양을 한다. 수십만 개의 알은 기다란 젤라틴 끈에 대롱대롱 매달려 나오고, 약 2~4주 후 유충이 되며, 유충은 동그란 고리 모양의 갈고리와 문침(吻針, 주둥이 침)이 있어서 숙주를 허벼 파고든다. 대표적인 예로, 물에서 부화한 연가시 유충은 모기의 애벌레인 장구벌레 몸을 뚫고 들어가고, 장구벌레가 모기로 바뀌어도 몸 안에 머물고 있다가 모기가 공중으로 나와 최종 숙주인 사마귀에 먹힐

때 사마귀의 몸속으로 들어간다. 또 일부 유충은 땅바닥으로 기어 나와 주변의 풀잎에 붙어 있다가 메뚜기나 여치 등의 초식 곤충에게 먹히고, 사마귀가 그 놈들을 잡아먹어서 감염의 먹이 사슬이 이어진다.

유충은 사마귀 몸속에서 수주 또는 수개월에 걸쳐 피부를 통해 체강(體腔)의 양분을 딥다 빨면서 여러 차례 탈피하여 성체가 된다. 숙주에는 보통 연가시 한 마리가 들며, 감염된 곤충은 겉으로는 티가 없지만 기생충의 노략질 탓에 속은 깡그리 텅 비다시피 앙상해져 생식 능력을 잃고 만다. 헌데 여태 번지르르하게 이야기를 해 왔지만 실은 불행히도 연가시의 생식, 발생 등이 아직 상세하게 밝혀지지 않았다.

개골창 웅덩이에 얽히고설킨 연가시가 꿈틀대고 있는 것을 볼라 치면 절로 소름이 끼쳤지. 어른들이 "연가시를 만지면 손가락이 잘린다." 하여 감히 손도 못 대고 대꼬챙이로 놈들을 치켜들어 올려 괴롭히곤 했다. 또한 자주 경험하는 일로, 밭가에서 늦가을 배불뚝이 사마귀를 붙잡고 노닐라 치면 바동거리는 버마재비 똥구멍으로 느닷없이 철사 줄이 스멀스멀 꿈틀거리며 나왔다. 악동 시절이 눈에 삼삼하고, 새록새록 생각난다. 나이 들면 추억만 한 친구 없다고 하던가.

이런 딱한 일이 있나. 암놈 사마귀가 번번이 엉뚱하게 물가로 가고 있다. 산란장은 분명 양지바른 저쪽 언덕배기인데 말이지. 사마귀 뱃속에 든 연가시가 어느새 숙주의 뇌에 신경 조절 물질을 분비하여 숙주가 갈증 나 물을 찾게끔 꼬드긴다. 물가를 찾아간 사마귀가 물에 빠지면 연가시는 다리야 날 살려 하고 빠져나와 물웅덩이에서 교미, 산란하고 죽는다. 연가시도 모정은 있다.

그런데 연가시 말고도 기생충이 숙주(임자몸)의 행동을 조절하는 예가 더러 있다. 숙주가 제 몸에 기생하는 밉상 기생충한테 꼼짝달싹 못하고 놈들의 조종대로 한다는 말이다. 얌전한 숙주를 미친 듯 용감하게 만들기도 하고 습성까지도 바꾸니, 이는 기생충들이 살아남기 위한 절절한 수단 방법이렷다.

한 예를 광견병에서 보자. 개의 뇌에 들어간 광견병 바이러스는 기어코 개 눈에 살기등등하게 핏발을 세우게 하고, 사납고 두려움 없는 꼭두각시를 만들어 다른 동물을 깨물게 하여 침을 통해 바이러스를 옮기려 든다. 오라, 놈들의 재주가 기발하도다! 또 다른 예로, 동물의 피를 빤다는 것은 언제나 위험이 따르는지라 학질모기는 필요 이상으로 피 빨기를 겁내고 싫어하지만, 학질모기에 든 원충(原蟲, plasmodium)이 공격적으로 사람을 깨물도록 모기를 충동질한다. 모기는 '귀신을 덮어써서' 원충(기생충)의 쑤석거림에 자기도 모르게 이성을 잃고 사정없이 죽을 둥 살 둥 발버둥질하며 달려든다.

본론이라 해도 좋다. 부모 등골 안 빼먹고 크는 자식 없다. 어찌 임신을 하면 애먼 엄마가 오심 구토(惡心嘔吐)로 모진 고초를 겪는 입덧을 한단 말인가. 식욕 부진에다 음식을 보기만 해도 속이 메스꺼워 구역질이다. 그러나 이는 정녕 태아를 보호하는 숙명적인 생리 현상이란다. 임신 3개월까지가 태아 기관 발생이 가장 활발할 때인데, 석 달 지나면 이미 입덧의 굴레에서 벗어나게 된다. 가령 이런 초기 발생기에 산모가

게걸스럽게 이것저것 아무거나 아랑곳 않고 먹다 보면 가뜩이나 음식에 묻어 있는 바이러스, 곰팡이, 세균에다 식품의 독(毒) 성분이 태아에 치명적인 해를 끼친다. 때문에 입덧이 심하면 심할수록 유산율이 줄고, 튼실한 아이를 낳는다니 부디 산모들께서는 대차고 굳건하게 참고 견뎌, 입덧 고통을 의젓하게 이겨 낼지어다!

객쩍고 해괴망측한 해석에 놀라지 말 것이다. 어미로 하여금 매양 입덧 나게 한 것이 바로 고얀 녀석, 뱃속 태아였다는 것. 표현이 좀 야박하고 매정한 느낌이 들지만, 지금껏 이야기한 것처럼 "어머니는 숙주요, 태아는 기생충."이라는 말이다. 얄궂게도 기생충이 숙주의 행동을 바꾸는 짓이 곧 임산부의 입덧이었다. 신비로운 생물 세계라 하겠다.

나그네쥐가 집단 자살한다고?

노르웨이레밍, *Lemmus lemmus*

여름 휴가 기간 너 나 할 것 없이 여름 바다로 내달았다. 고속도로에 일렬로 늘어선 자동차들이 마치 이사 가는 개미 떼나 한 줄로 달려가는 나그네쥐(레밍) 무리로 보였다. 애당초 생명체는 바다에서 생겨났고, 280일간 몸을 담았던 엄마의 모래집물(양수(羊水)라는 말이 익숙할 것이다.)이 얄궂게도 바닷물의 염도(鹽度)와 엇비슷하다. 그래서 "어머니 몸 안에 바다가 있었네. 아이의 출산이란 바다에서 육지로 상륙하는 것"이라고 하였다.

레밍은 북극과 알래스카, 시베리아 등지에서 30여 종이 살고 있다. 그중에서 노르웨이레밍(Norway lemming, *Lemmus lemmus*)은 툰드라에 사는 쥣과의 쪼그마한 설치류(齧齒類)다. 성체는 체중 70~110그램, 체장 9~15센티미터로 털을 잔뜩 끼어 입었고, 몸에는 회갈색의 때깔 좋은 무늬가 났다. 또한 알렌 법칙(Allen's rule)에 따라 매서운 추위에 체열을 아낄 수 있게끔 몸체가 작달막하고 통통한 것이 다리, 귀, 꼬리는 매우 작고 짧다.

노르웨이레밍을 '나그네쥐'라고도 부르며, 이상하게도 다른 동물들처럼 개체군 밀도(population density)가 해마다 규칙적으로 늘고 줄지 않고, 얼추 서너 해 주기로 폭발적으로 늘었다가는 순식간에 전멸하다시피 한다. 또한 이들은 밀도가 크게 늘면 먹잇감과 새로운 서식처를 찾아 딴 곳으로 이동하는 습성이 있다. 개체 수가 터질 듯 늘어나면 가장 중심 지대의 쥐들은 숨 막히게 조여 오는 가위 눌림을 이기지 못하고 급기야는 거침없이 밖으로 세차게 튀며, 다른 것들도 덮어놓고 뒤쫓아 나선다.

길잡이는 앞서려고 악착스레 달려가고, 뒤처지지 않으려고 허위허위 뒤따라 붙는 후발대들 탓에 걸음을 멈출 수도, 또 대열에서 선선히 빠져나갈 수도 없이 몇 날 며칠을 날밤 새워 꼬리에 꼬리를 물고 달려왔다. 드디어 앞장선 녀석들이 해변 낭떠러지나 강호(江湖)에 도달하지만 외줄로 줄지어 왔기에 몰려드는 뒤 녀석들에게 떠밀려 퐁당퐁당 빠져 발짝거리다 죽고 만다.

이와 비슷하게, 마소들도 질서 정연하게 움직이던 중 한두 마리가 발작적으로 냅다 날뛰는 바람에 나머지 녀석들도 덩달아 허둥지둥, 우르르 한쪽으로 쏠리고 몰려서 앞선 놈들은 뒤따르는 자들 때문에 멈추려 하지만 멈추지 못한다. 이렇게 판단력을 매우 흐려 놓아 누구도 통제할 수 없는 과격한 폭주, 폭동 사태를 '스탬피드 현상(stampede phenomenon)'이라 한다.

어디 사람이 별건가. 이웃 사람들이 바다를 간다 하니 너 나 가릴 것 없이 따라나서고, 별로 내키지 않는데도 다만 유행한다는 이유로 솔깃하여 덥다 물건을 마구 사며, 앞차가 신호 위반을 하고 달리면 나도 모르게 따라 꼬리 물기 하고, 혼란 중에 약탈이나 폭동을 일삼듯 부화뇌동하는 것을 '레밍 효과(lemming effect)'라 한다.

그런데 개구리를 찬물에 담그고 아주 천천히 데우면 뜨거움을 느끼지 못하고 마침내 죽게 된다는 '냄비 속 개구리(boiling frog)' 이야기나 나그네쥐가 '집단 자살'한다는 이론(설) 따위는 터무니없는 거짓 믿음에 지나지 않으며, 이런 헛된 오판, 오인을 과학에서는 오개념(誤概念, misconception)이라 한다. 다시 말하지만 레밍은 개체군 밀도가 아주 높아지면 어떤 생물학적(본능적) 충동에 따라 주기적으로 수천, 수만 마리가 들떠 날뛰다가 해안이나 강, 호수에 즐비하게 널브러져 있었으니 그걸 집단 자살로 봤던 것이다.

참 우스꽝스럽고 민망한 일이었고, 미안하기 짝이 없다. 마냥 그런 줄로만 알고 침 튀겨 가며 힘주어 가르쳤으니 말이다. "선생은 살인자"란 말은 이러할 때 쓰는 것이리라.

잠자리의 결혼 비행

고추잠자리, *Crocothemis servilia mariannae*

잠자리는 잠자릿과의 곤충으로 한껏 귀티를 내는 잠자리를 청령(蜻蛉), 청낭자(靑娘子)라 부른다. 영어로는 'dragonfly'로, 우리말로 풀이하면 우습게도 정치 깡패 두목을 일컫는 '용파리'다. 머리엔 똥그랗고 우뚝 솟은 두 개의 큰 겹눈과 그 사이에 보일 듯 말 듯한 세 개의 작은 홑눈이 있다. (겹눈과 홑눈은 각각 복안(複眼)과 단안(單眼)이라고도 한다.) 겹눈은 구슬눈으로 위아래 좌우 사방팔방 6미터 이내에 있는 물건을 또렷이 보며, 움직이는 물체는 20미터나 먼 것도 엿볼 수 있다 한다. 녀석, 눈 하나 되우 밝군! 헌데 '잠자리 눈곱'이라는 말도 있으니, 이는 극히 적은 양을 에둘러 이르는 말이다.

두 쌍의 날개는 그물처럼 얽힌 날개 맥(시맥(翅脈)이란 말은 이미 앞에서 살펴보았지.)이, 투명한데다 엄청 가볍고 청결하기 짝이 없는 얇은 막으로 덮였다. 그래서 속이 비칠 만큼 썩 얇고 고운 천을 일러 "잠자리 날개 같다." 하고, 잘 차려입은 여인의 모습을 빗대어 "잠자리 나는 듯하다." 한다.

잠자리는 해가 지면 들판에서 풍찬노숙(風餐露宿)하고, 아침이면 햇살 받아 이슬 묻은 날개를 털고는 부산스럽게 온 데를 휘젓고 쏘대면서 사냥에 바쁘다. 그런데 헬리콥터를 '잠자리비행기'라 부르는데, 자녀를 늘 지켜보며 주위를 맴도는 극성스런 부모를 '헬리콥터 부모(helicopter parent)'라 한다지. 정말이지 익애(溺愛)는 사랑 중에 가장 나쁜 사랑임을 모르고 그런다.

잠자리 유충은 '수채(水蠆)' 또는 '학배기'라 부르는데, 이들은 성충과 유충이 모두 육식성이다. 성충은 모기, 파리, 벌, 나비 등을 포식하고, 억척스런 학배기는 센 턱으로 장구벌레, 실지렁이, 올챙이 등을 마구잡이로 먹는다. 그런데 올챙이가 개구리 되고, 학배기가 잠자리 되면 기어이 먹고 먹힘이 별안간 역전(逆轉)되고 만다. 빠듯한 벼랑 끝 승부랄까. 개구리가 잠자리를 냅다 잡아먹으니 말이다. "사람 팔자 모른다."고 하더니만······.

짝짓기를 막 앞둔 암컷은 옅은 귤색으로, 수컷은 얼굴과 배, 눈까지 새빨간 혼인색(婚姻色)으로 변한다. 아닌 게 아니라 '사랑을 하면'이 잠자리에도 해당하는 모양이다. 헌데 누구나 잠자리 두 마리가 앞뒤로 달라붙어 공중을 씽씽 난다. 수놈이 배 끝에 있는 집게로 암컷의 머리채를 덥석 낚아채고는 30분 넘게 '결혼 비행'을 하면서 달래고 얼러 산란을 재우친다. 이는 짝짓기가 아니라 교미를 위한 전희 행위(前戲行爲,

courtship)다. 두 놈 중 앞의 것이 수컷(♂)이고 뒤의 것이 암컷(♀)임을 짐작하였을 것.

분위기가 무르익었다 싶으면 으슥한 연못이나 웅덩이 주변의 후미진 풀숲에 자리 잡고, 드디어 짝짓기 할 자세를 취한다. (여전히 수컷이 암컷 목덜미를 잡고 있다.) 암놈 생식기는 10개의 배 몸마디 중에서 아홉째 마디에 있고, 수놈의 교미기는 두 개로 복부 아홉째 마디에 생식기, 두세째 마디에 부생식기가 있다. 암컷이 다리로 수놈의 배를 움켜쥐고, 몸을 둥 그렇게 새우등처럼 구부려 수컷 부생식기에다 생식기를 갖다 대고 수컷이 모아 둔 정자 덩어리를 냉큼 받아 간다. 이때 교미의 모습이 둥그런 심장(heart) 꼴이다.

옛날에 그 많던 왕잠자리나 고추잠자리도 온데간데없어졌다. 마뜩 잖은 인간들이 망나니짓을 해 댄 탓이다. 사람도 죽을병에 걸리면 고칠 수 없듯이 정녕 대지(大地)도 몽땅 망가지면 되돌릴 수 없다. 모쪼록 보잘것없고 하찮은 것들도 긍휼(矜恤)히 여겨 아우르고 보살피며, 살갑게 보듬어 줘야겠다. 이참에 환경 지킴이, 파수꾼이 되어 보자. 부디 불살생(不殺生)을!

생명의 이름

빛으로 말하는 벌레

애반딧불이, *Luciola (Luciola) lateralis*

칠흑 같은 어둠이 짙게 깔린 초저녁에 동구밭가를 나와 나지막이 나는 반딧불이(개똥벌레, 반디, 반디벌레, 반딧불로도 불린다.)를 손바닥으로 탁 쳐 잡자마자 사정없이 꼬랑지를 동강 내어 이마, 볼에 쓰윽 문질러 '귀신놀이'를 하였지. 연신 얼굴에서 희끗희끗한 빛을 내니 그것이 형광(螢光)이다. 그런데 연방 별똥별처럼 바글바글 거침없이 산지 사방을 누비던 그들은 대관절 어디로 다 갔단 말인가.

"개똥 불로 별을 대적한다."는 말이 있다. 상대가 어떤지도 모르고 하는 어리석은 짓을 일컫는데, 여기서 개똥 불은 개똥벌레의 꼬리 불이다. 개똥벌레의 순우리말은 '반딧불이', 한자어로는 '형화(螢火)', 영어로는 'firefly'다. 그리고 형설지공(螢雪之功)이란 반디의 꼬리 불빛과 눈빛으로 학업에 정진하여 입신양명함을 빗댄 것으로, 중국 진나라 때 "손

강은 겨울이면 눈빛에 비추어 책을 읽었고, 차윤은 여름에 낡은 명주 주머니에 반딧불을 잡아넣어 그 빛으로 공부하였다."는 고사에서 유래하였다. 까마아득한 옛날 나도 그 이야기를 주워듣고 유리병에 한가득 잡아넣어 흉내 내어 봤으나 허탕 쳤다. 200마리는 넘어야 신문 활자 구별이 된다지.

반딧불이는 반딧불잇과(科)의 딱정벌레(갑충(甲蟲)이라고도 한다.)로, 자란벌레, 알, 애벌레, 번데기를 거치는 완전 변태를 하며, 세계적으로 2,000여 종이 있고 우리나라에는 여덟 종이 기재되어 있으나 이제 와 실제로 채집되는 것은 기껏 애반딧불이, 늦반딧불이, 파파리반딧불이, 운문산반딧불이 네 종뿐이라고 한다. 우리가 주로 보는 것은 앞의 둘로, 애반딧불이는 6월 중순부터 7월 초순까지, 늦반딧불이는 8월 중순부터 9월 중순경까지 나타난다.

짝짓기 4~5일 뒤 애반딧불이는 물가의 이끼에, 나머지들은 흙에다 100여 개를 산란하고, 알은 3~4주 지날 무렵 깨어 유충이 되며, 여름 내내 꼬박 4~6회나 허물을 벗으면서 자란다. 가랑잎 더미나 땅속에서 겨울나기를 한 유충은 늦봄에 흙속에 집을 짓고 그 속에서 번데기가 되며, 수주 동안 변태한 후에 날개돋이를 한다. 그런데 네 종 중에 애반딧불이 유충은 고즈넉한 산골짜기 실개천에 살면서 다슬기나 물달팽이를 잡아먹지만 나머지들은 음습한 땅에 살면서 달팽이, 민달팽이를 먹는다. 이놈들이 어디 감히 달팽이를 먹어? 나를 먹어도 좋으니 부디 농약, 제초제 따위를 검세게 버텨 내렴. 몇 안 되긴 하지만 그나마 여태 절멸되지 않고 모질게 살아남은 것만도 기특하고 갸륵하도다.

깜박거리며 공중을 나는 것은 모두 수컷이고, 암컷은 날개가 없어 일절 날지 못하며, 모양새는 마치 벌레 닮은 유충 그대로지만 커다란 두 겹눈을 가졌다. 그러나 물에서 유생 시기를 보내는 애반딧불이의 암컷은 날개가 있어 잘 난다. 이들은 죄다 성충이 되면서 이미 입이 퇴화해 버리고 말았으니 내처 살아 있는 동안 도통 요기조차 하지 않는다.

반디는 빛으로 말한다! 반딧불이의 아랫배 끄트머리 두세째 마디에 특별히 분화한 발광기가 있고, 거기에서 발광 물질인 루시페린(luciferin) 단백질과 산소(O_2)가 결합하여 산화루시페린이 되면서 빛을 낸다. 에너지 전환 효율이 90퍼센트로 고스란히 빛으로 바뀌기에 냉광(冷光)이며, 자외선과 적외선 없는 가시광선이다.

자동차 미등(尾燈)도 분명 반딧불이의 깜박불을 본뜬 것일 터. 그런데 빛의 간섭을 죽도록 싫어하는 개똥벌레는 일종의 환경 지표 생물로 족족 강이나 땅이 망가지면 따라서 다친다. 이렇게 촘촘한 먹이 그물이 한 코 두 코 줄줄이 빠지면 생태계는 걷잡을 수 없이 요동친다. 모름지기 무위자연(無爲自然)인 것을!

3부

파아란 하늘 빛이 그립어

소나무, 인간과의 깊은 인연

소나무, *Pinus densiflora*

"우리 조상들은 솔방울은 물론이고 삭정이와 늙어 떨어진 솔가리를 긁어다 땔감으로 썼고, 밑둥치는 잘라다 패서 군불을 땠다. 솔가리 태우는 냄새는 막 볶아 낸 커피 냄새 같다고 하였던가. 그뿐인가. 옹이 진 관솔가지는 불쏘시개로, 송홧가루로는 떡을, 송기는 벗겨 말려 떡이나 밥을 지었고, 송진을 껌 대신 씹었다. …… 무덤을 지키는 나무 또한 소나무가 아닌가. 죽은 이는 또 어디에 누워 있는가. 소나무 널빤지로 만든 관이 저승집이다. …… 늘 푸름을 자랑하는 소나무에는 영양소와 함께 우리의 넋이 스며 있다. 그러면서 소나무는 우리에게 절개를 지키라고 가르친다. 이처럼 인간과 깊은 인연을 맺고 있는 소나무에 대해 어떤 이는 다음과 같이 말하였지. '금줄의 솔가지에서 시작하여, 소나무 관 속에 누워 솔밭에 묻히니, 은은한 솔바람이 무덤 속의 한을 달래

준다.'" 한때 중학교 2학년 국어 교과서에 실렸던 나의 글 「사람과 소나무」를 줄이고, 좀 고쳐 옮겨 놓았다.

소나무를 잎의 개수로도 분류하니, 두 개씩 무더기로 뭉쳐난 것은 소나무, 반송, 해송 등이고, 세 개씩인 것은 리기다소나무, 백송 등이며, 다섯 개씩인 것은 잣나무, 섬잣나무 등이다. 그런데 소나무들도 단풍이 들까? 늦가을 소나무 수풀에 마침내 진초록을 잃고 누렇게 조락한 송엽들이 한가득 달렸다. 활엽수는 봄에 난 잎을 가을에 죄 떨어뜨려 벌거숭이가 되지만 청솔은 올해 것은 고대로 있고 지난해 것 일부와 지지난해 것이 떨어진다. 그리고 뭉쳐난(총생(叢生)이라는 말도 알아 두시라.) 솔잎 표면적을 일일이 계산하면 활엽수의 증발 면적을 앞지르니, 여우비 오는 날 비가림막으로 소나무 밑이 참나무보다 한결 유리하다.

솔잎을 바닥에 깔고 추석 송편을 찌는 것은 결코 솔향기를 맡자는 것이 아니라, 솔잎에 든 피토알렉신(phytoalexin)이란 항균 물질로 송편이 상하는 것을 막자는 데 있다. 송편에 소담한 과학이 담겼구나! 그리고 "거목 밑에 잔솔(애송) 못 자란다."고 하는데, 이는 솔숲이 가는 빛발이 겨우 새어 들 정도로 짙은 그늘을 지워 솔 씨의 싹틈을 방해할뿐더러 뿌리에서 딴 식물의 생장을 억제, 저해하는 갈로타닌(gallotannin)이라는 타감 물질(他感物質, allelochemical)을 분비하는 탓이다.

솔은 암수한그루에 암꽃·수꽃이 따로 피는 양성화다. 올봄에도 가지 끝자락에 젖꼭지만 한 적자색의 암꽃 두 개가 봉곳이 달릴 것이며, 바로 아래 수꽃들이 송홧가루를 만든다. 높직이 자리한 올해 암꽃의 아랫마디에 있는 짙푸른 풋 것은 전해 것이고, 그 밑 마디의 메마른 송실이 이태 전 것이다. 저런, 소나무 한 나뭇가지에 세 자매가 쪼르르 한 해 터울로 달렸구나!

"못된 소나무에 열매만 많다."고, 꼬락서니가 이웃 나무들과 달리 너저분하고 추레하면서 솔방울만 주체할 수 없이 잔뜩 매달고 있다면? '골골 팔십'이라 하였던가. 암튼 시름시름 앓다가 생을 마감해야 하는 터라 엄청난 송과를 둘러멘 것으로, 이는 노송의 절절한 종족 번식의 비원(悲願)이렷다.

자연은 말을 걸어오는 이에게만 눈길을 준다. 솔방울의 잔 비늘조각(인편(鱗片)이라고도 한다.)을 낱낱이 헤아렸더니 한 송이에 자그마치 평균 100여 개나 되더라. 인편은 축축하면 꼭 닫히고 마르면 쩍 버니 이를 '솔방울 효과(pine cone effect)'라 한다. 하여 물에 담근 솔방울 한 소쿠리를 방구석에 놓아두면 머금었던 물기를 뿜어내니 가습기가 된다.

오늘따라 소나무 가지에 스치는 솔바람 소리가 유달리 융융거린다. 세한송백(歲寒松柏)이라, 어떤 역경 속에서도 꿋꿋이 절개와 지조를 지킨다. '남산 위의 저 소나무'여, 영세(永世)하시라!

나모도 아닌 거시 플도 아닌 거시

왕대, *Phyllostachys bambusoides*

사시사철 어디서나 사위가 조용한 곳에서 길차게 자란 대나무를 만나면 선뜻 소쇄(瀟灑)한 기운이 돈다. 조선 중기 시인 고산(孤山) 윤선도(尹善道, 1587~1671년) 선생의 「오우가(五友歌)」, 고등학교 때 달달 외웠던 그 빼어난 글이 아직껏 소록소록 새롭다. "내 버디 몃치나 하니 수석(水石)과 송죽(松竹)이라 / 동산 달(月) 떠오르니 긔 더옥 반갑고야……." 중에서 대를 "나모도 아닌 거시 플도 아닌 거시 / 곳기난 뉘 시기며 속은 어이 뷔연난다 / 뎌러코 사시에 프르니 그를 됴하 하노라."라고 풀이하였다. 시인치고 생물학자가 아닌 사람 없다더니만…….

그렇다. 대는 참 요상하고 아리송한 식물이다. 대는 줄기가 굵고 딱딱한데다 키가 커서 나무라 하지만, 실은 부름켜(형성층)가 없어 부피자람(비대 생장)을 못하니 나이테(연륜(年輪)이라고도 한다.)가 생기지 않고, 봄 한

생명의 이름

철 후딱 커 버리고 마는 풀이다. 덧붙이면 대는 잎이 나란히맥이며, 수염뿌리에다 떡잎(자엽(子葉))이 하나인 외떡잎식물인지라 단연코 생물학적으로 나무(목본)가 아닌 풀(초본)이다. 열대의 키다리 종려나무, 야자나무, 코코넛나무 등도 단자엽식물이므로 겉은 나무로 보이지만 속은 풀이다.

게다가 대는 볏과(화본과(禾本科)) 식물로 꽃이 벼꽃과 굉장히 흡사하다. 동식물이 유전적으로 가까우면 가까울수록 특별히 생식기관이 서로 빼닮는 법. 대나무가 꽃이 핀 다음에 꺼림칙스럽게도 졸지에 깡그리 죽어 버리니 이를 개화병(開花病) 또는 자연고(自然枯)라 한다. 믿거나 말거나, 중국 대나무에는 죽미(竹米)라는 빨간 열매가 맺히니 봉황새가 먹었다고 한다.

대나무 죽순을 죽태(竹胎)라고 부르는데, 이는 대나무의 땅속줄기마디에서 돋아난 어린 싹이다. 마당 한구석에 쇠뿔처럼 삐죽삐죽 솟은 죽태를 뚝뚝 잘라 와, 착착 포개진 여러 겹의 반질반질하고 매끈매끈한 죽순 껍질(죽피(竹皮)라고도 한다.)을 벗긴 다음, 한소끔 데쳐서 뭉떵뭉떵 어슷썰기를 하여 초고추장을 끼얹어 먹었지. 아작거리는 질감과 은은한 향취가 일품이다. 또 어떤 일이 일시에 무수히 생겨날 때를 일러 우후죽순(雨後竹筍)이라 한다지.

"충신이 죽으면 대나무가 난다."고 하였다. 대는 부신 듯 사시절 청청한 것이 잎사귀는 다소곳이 고개 숙이고, 속은 텅 비어 있어 겸손과 무욕에 비유되며, 덕을 겸비한 강직한 선비의 상징이요, 지조와 절개의 표상이다. 대줄기는 쭉쭉 곧게 뻗고, 도드라지고 도톰한 마디마디가 또 렷하며, 죽세공을 하기 위해 칼로 내리치면 그대로 결 따라 쩍 소리 내 며 순식간에 맹렬한 기세로 쪼개지니 말해서 파죽지세(破竹之勢)다.

우리나라 대는 크게 보아 왕대, 조릿대, 해장죽, 이대, 오죽 등으로 나뉘며, 이것들로 죽세공이 조리, 복조리, 부채, 낚싯대, 발, 화살, 곰방 대를 만든다. 어디 그뿐일라고. 대빗자루, 죽통, 대젓가락, 퉁소, 피리, 대금, 활, 대자, 소쿠리, 바구니, 광주리, 목침, 귀이개, 이쑤시개 등등 쓰 임새를 여기에 다 쓰기가 버겁다. 대통에서 몇 번을 걸렀다는 소주, 황 토로 아가리를 막고 아홉 번을 구워 낸 죽염, 죽창, 죽마, 죽부인, 죽장 도, 죽비(竹篦)도 대로 만든다. 음력 보름 달집 짓는 데에도 대나무를 쓴 다. 한참 불길이 오르면 산울림이 일만큼 뻥뻥 튀니 그대로 폭죽(爆竹) 이다. 훠이 훠이, 마을 잡귀여 물러가라.

대나무밭은 방풍은 물론이고 뿌리가 배게 얽히고설키어 산사태를 막기에 내 고향엔 동네 뒤편에 우거진 대나무가 빙 둘러 병풍을 쳤다. 정말이지 대숲 속에 조가비 같은 고만고만한 오두막들이 촘촘히 틀어 박혀 있어 마을 풍경이 멋졌는데…….

생명의 이름

키위의 원조 여기 있소이다

다래나무, *Actinidia arguta*

농가(農家)에서 음력 정월부터 섣달까지 차례대로 한 해의 기후 변화나 곡식 성숙, 의식(儀式) 및 농가 행사 따위를 읊은 노래가 「농가월령가(農家月令歌)」다. 다음은 8월령(八月令)의 일부분이다. "8월이라 중추 되니 백로 추분 절기로다 / 북두성 자루 돌아 서천을 가리키니 / 선선한 조석 기운 추위가 완연하다 / 귀뚜라미 맑은 소리 벽간에 들리누나 / …… / 면화 따는 다래끼에 수수 이삭 콩가지요 / 나무꾼 돌아올 제 머루 다래 산과로다."

여기서 "나무꾼 돌아올 제 머루 다래 산과로다."가 눈에 띄니, 다래나무를 알아본다. 다래나무는 물레나무목, 다래나뭇과의 낙엽활엽덩굴나무로 여러해살이 목본(木本) 식물이며, 세계적으로 60여 종이 있다. 다래는 그늘진 심산계곡이나 너덜겅 지역에 자생(自生)하며 군락(群

叢)을 이룬다. 이웃 나무에 거칠게 감아 올라가거나 슬쩍 기대어 자라
고, 길이는 7미터에 달하며, 앳된 묘목을 파 와서 화단에 심기도 한다.

널따란 잎은 어긋나고 앞면이 윤이 나며, 난형(卵形)으로 끝이 뾰족하
고, 가장자리에는 가는 톱니가 나며, 가을에 노랗게 물든다. 어린 시절
에 뒷산에 올라 칭칭 감기거나 축축 늘어진 다래나무 넝쿨을 두 팔로
휘어잡고 죽을 동 살 동 모르고 또래들과 신나게 타잔 놀이를 하였지.
다래나무 줄기의 껍질은 질겨서 노끈으로 대용하였으며, 야물디야문
줄기의 속심(수심(樹心)도 알아 두시길.)은 갈색이다.

다래나무는 은행나무, 뽕나무, 삼처럼 암수딴그루이고, 꽃은 5월경
에 새하얗게 피며, 잎겨드랑이에 3~10송이가 대롱대롱 달린다. 긴 타
원형 꽃받침 조각은 다섯 개이고, 꽃잎도 다섯 개며, 수나무 수꽃에는
수술이 많고, 암나무 암꽃에는 한 개의 암술이 나며, 끝이 여러 갈래
로 짜개진다.

이른 봄에는 고로쇠나무처럼 수액(樹液)을, 4월에는 어린잎을, 초가
을에는 열매를 먹는다. 타원형인 열매는 장과(漿果, 과육과 액즙이 많고 속에
씨가 많이 들어 있는 과실)로 자그마한 새알 크기지만 큰 것은 길이 2~3센티
미터나 되고, 10월에 황록색으로 익는다. 노르스름하고 몰랑몰랑하게
익은 것들은 산에서 게눈 감추듯이 어적어적 먹어 치우지만 새파랗고
탱글탱글한 풋 것은 가져와 구들목(아랫목)에 술독 싸듯 며칠 묵혀(후숙
(後熟)이라고도 한다.) 둔다. 말랑말랑해지고, 껍질이 노릇노릇이 쪼글쪼글
해지면서 특유한 향과 달큼한 그 맛을 잊지 못한다.

한방에서 가슴이 답답하고 열이 많은 증상을 치료하고, 소갈증 해소에 달여 먹으며, 다래주를 담가 먹기도 한다. 새알만 한 토종다래와 양다래, 참다래로 불리는 키위(kiwi fruit)는 씹히는 질감이나 맛도 다르지 않고, 열매 살(과육)에 자잘한 씨가 수많이 박힌 것까지 같다. 오직 한국, 일본, 중국 북부에만 분포한다.

다음 이야기를 하자고 여태 뜸을 들였다. '과일의 여왕'이라 불리며 뉴질랜드, 칠레, 이탈리아 등지에서 재배하는 키위의 원조(元祖)가 바로 아시아의 다래(hardy kiwi)라는 것. 뉴질랜드의 키위는 우리 야생다래(*Actinidia arguta*)와 같은 종인 중국 양쯔 강 유역의 묘목(苗木)을 가져다가 거듭거듭 개량한 것이다. 1924년경에 뉴질랜드의 헤이워드 라이트(Hayward Wright)가 지금 우리가 많이 먹는 '그린 키위(green kiwi)'로 개량하였고, 뒤에 '골든 키위(golden kiwi)' 등을 개량하였다고 한다. 키위 또한 할아버지 다래를 빼닮아 자웅 이주(雌雄異株)라 암나무 몇 그루에 수나무 한 그루씩을 섞어 심는다. 1977년에 뉴질랜드 회사와 합자(合資)하여 제주도와 남해안에서 재배하고 있다 한다. 즉 키위의 조상은 다름 아닌 우리의 다래라는 말씀!

고소한 강냉이 먹어 볼까

옥수수, *Zea mays*

고소한 강냉이를 먹고 싶은 맘에 글도 시작하기 전에 어느새 입안에 군침이 돈다! 옥수수(corn 또는 maize, *Zea mays*)는 외떡잎식물, 화본과(禾本科, 볏과) 한해살이풀로 염색체는 20개이다.

우람하게 꼿꼿이 선 키다리 녀석이 내려다보며(키가 1.5~2.5미터에 이른다.) 줄기 겉껍질이 매끈하고 단단하며 속은 꽉 차 있다. 뿌리가 부실한 옥수수는 아랫동아리에 주렁주렁 뻗는 곁뿌리(측근(側根)이라는 말도 알아 두시길.)가 땅바닥에 내려 줄기를 떠받쳐 주기에 센 바람에 넘어지지 않으니, 이를 지주 기근(氣根)이라 한다. 보통 잎사귀가 한 줄기에 도합 12~13개가 달리며, 제일 긴 것은 잎 길이가 92센티미터, 너비가 8센티미터이고, 줄기에 어긋나게 붙는다. (이것을 호생(互生)이라고 한다.) 잎 둘레에는 눈에 보일 듯 말 듯한 잔잔한 톱니(거치(鋸齒)라는 한자말이 있다.)가 가득

난다. 잎사귀 몇 안 되는 것이 그 많은 옥구슬을 만들어 내는 것은, 옥수수는 보통 말하는 C3 식물이 아닌 특수한 C4 식물이기 때문이다. C4 식물이 C3 식물보다 광합성 능력이 여러 배 높다고 한다.

옥수수는 대나무(竹)처럼 허우대가 헌걸차고 멀쑥한 것이 멋쟁이로 자라면서 마디가 생겨나고, 마디마다 잎사귀가 달린다. 암수한그루(자웅 동주(雌雄同株))이고 암꽃·수꽃이 따로 피는 단성화(單性花)이며 7~8월에 개화한다. 꽃치고는 괴이한 편에 들어, 흔히 '개꼬리'라 불리는 수꽃(정확하게는 '수꽃이삭'이며 '웅화수(雄花穗)'라고도 한다.)은 줄기 꼭대기에 덩그러니 달리고, 암꽃(이삭)은 뿌리에서 헤아려 통상 6, 7, 8번 자리의 잎겨드랑이에 각각 달리는데, 제일 위의 것이 형님으로 보통 그것만이 쓸 만하지만 잘 키우면 7번 동생도 실하게 여문다. 웅성선숙(雄性先熟)으로 같은 그루에서 수꽃이 암꽃보다 이틀 정도 먼저 핀다.

이제 제법 옥수수 깍지(포엽(苞葉)이라는 운치 있는 용어도 있다.)가 탐스럽게 자랐으니, 껍질 7~12장이 서너 겹으로 차곡차곡 포개어 둘러싸서 득시글대는 벌레들의 공격을 막는다. 그 속에서 긴 비단실 모양의 암술대가 다발 모양으로 깍지 끝에 뭉쳐 나오고, (유명한 '옥수수수염' 차의 그것인데, 서양인들은 'silk'라 한다.) 수꽃 꽃가루가 수염 끝(암술머리)에 닿아 수분·수정이 일어난다. 옥수수수염이라 하지만 어찌 보면 반질하게 찰랑이는 머릿결을 닮았다.

보통 4월 상순부터 5월 상순까지 씨를 심지만, 그보다 더 늦은 6월경에 파종하여 느지막이 따는 수가 있으니 이를 '추석 옥수수'라 한다.

옥수수는 돌려짓기(윤작(輪作)이라는 말도 쓴다지.)하는 것이 좋고, 수확은 씨알을 심어 따 먹을 때까지 축적된 태양 양에 따라 45~60일이 걸린다. 또 그루터기에 곁가지가 나니 그것은 물론이고 광합성 기능을 거의 못하는 아래 늙다리 이파리들도 건중건중 훑어 주고 따 준다.

한편 강냉이는 풍매화로 반드시 타가 수정을 하기에 옥수수를 '신사 식물'이라 칭하고, 게다가 멘델 유전을 하기에 열성(劣性)인 찰옥수수와 우성(優性)인 사료용 옥수수를 심으면 죄다 사료용 열매가 맺히고 만다. 이 일을 어쩌나? 몇 년 전 나도 분명 찰옥수수 씨앗을 종묘상에서 사다 심었건만, 단맛이 없어 주변 밭을 둘러봤더니 옆집 밭에 찰기가 떨어지는 딴 것이 심어져 있더라.

옥수수의 암컷 이삭(서양인들은 'ear'라 한다.)이 20~30센티미터까지 자라며, 이삭 하나에는 8, 10, 12, 14 짝수로 줄이 나고, (줄이 나는 수는 옥수수마다 다르다.) 한 줄에 씨알이 40여 개씩 박히니 보통 300~500여 개가 열린다. 세상에 열두서너 개의 잎사귀가 500여 또는 1,000여 개의 씨알을 창조하다니! 한 알을 심어 이삭 하나만 얻는다 해도 500배 장사다! 세상에 이런 투자가 어디 있담!

짙푸르렀던 꼬투리가 시름시름 누르스름하게 변색하고, 긴 수염이 시들시들 삐쩍 메마르면서 노르끄무레하게 빛바래지기 시작할 무렵(수염이 나온 후 20~25일)에 딴다. '기갈감식(飢渴甘食)'이라고, 억판으로 못살던 시절에 풋바심하여 날로 꾹꾹 씹어 먹었으니 비릿한 젖물이 한 입 가득하였지. 옥수수 꼬투리(거죽)를 조심스럽게 차근차근 발가벗겨 보면

생명의 이름

알차게 여물어 가는 '옥시기' 알 하나하나에 길쭉한 옥수수수염이 제 각각 하나씩 붙어 있다. 즉 수염 하나에 옥수수 한 알이 맺히니 수염과 옥수수 알갱이의 수는 같다.

헌데, 심부재언(心不在焉)이면 시이불견(視而不見)하는 법이다. 그러니까 마음에 없으면, 봐도 보이지 않는 법이다. 원고 쓰겠다고 옥수수를 여러 개 따서 열매(알맹이) 줄과 한 줄에 몇 개 달렸는지 헤아렸는데, 평생에 처음 보는 신기하고 놀라운 일들이었다. 고백건대 맨날 하모니카 불 듯 어기적어기적 뜯어먹기에 바빴던 나였다.

진주알(옥수수 알) 하나하나에 '비단실(암술)'이 붙었던 자리가 보일듯 말듯, 꼬마 점(자국)이 알알이 빠끔빠끔 나 있는 게 아닌가. 이삭을 15도 정도 비스듬히 끝에서 대궁이(자루) 쪽으로 내려다보고 올려다보니 쪼르르 점점이 박혀 있다.

환희 그 자체다! 정녕 아는 것만큼 보이고 보이는 것만큼 느낀다는 말이 옳다. 독자들도 꼭 확인해 보실 것이다.

아롱이다롱이라고 품종에 따라 흰색, 노란색, 붉은색, 검은색, 보라색 씨알이 있다. 헌데, 더러는 벼나 보리에도 자주 생기는 이삭 자루(이병(耳柄)이라고도 한다.)가 혹처럼 부풀어 오르는 깜부기병이 생기는 수가 있으니, 짓궂게도 깜부기를 손바닥에 몰래 한가득 묻혀 "야, 니 얼굴에 뭐묻었다."라면서 동무 얼굴에 슬쩍 문질러 인디언을 만들었지. 아, 그 악동 시절이 정녕 그립구려!

옥수수는 남아메리카 안데스 산맥이나 멕시코를 원산지로 추정하며, 한국에는 16세기에 중국을 통해 전래된 것으로 알려져 있다. 중국 이름인 '옥촉서(玉蜀黍)'에서 '옥수수'가 유래했다고 한다. 옥시기, 옥수시, 강냉이 등등의 지방 토속어가 많은 것만 봐도 아주 오래전부터 사방에서 심어 왔음을 알겠다.

옥수수는 거친 땅에서도 잘사는지라 산간 지방의 비탈 밭에 많이 심었고, 강냉이밥, 강냉이 수제비, 강냉이 범벅과 같은 주식 말고도 툽툽한 옥수수 설기, 옥수수 보리개떡, 올챙이묵과 같은 색다른 별식으로 향토 음식의 메뉴판을 다채롭게 채웠다.

글루텐(gluten) 단백질이 없는 것이 옥수수의 약점이다. 세계 옥수수 생산의 40퍼센트를 차지하는 미국의 경우 유전자 변형(genetically modified, GM)한 것이 85퍼센트 이상을 차지하며, 근래 와서는 휘발유에 섞어 쓰는 생물 연료(biofuel), 에탄올(ethanol)용이 40퍼센트나 차지하여 그 값이 천정부지로 올랐다고 한다. 그래서인지 미국에 가뭄 들면 축산 농가가 걱정들이 태산이다. 소, 돼지의 사료를 옥수수로 만든다는 말이다. 또 옥수수는 쓸모가 많아 가루 내어 기름, 빵, 과자, 물엿, 시럽, 주정을 만든다. (미국 술 버번이나 한국 술 소주의 주정을 만드는 데에도 옥수수가 들어간다.) 하지만 북한을 망라한 여러 나라 사람들은 좀처럼 '강냉이 밥'도 배불리 먹지 못한다. 거참, 살 빼겠다고 야단인 판에…… 세상이 영 고르지 못하군그려!

생명의 이름

손을 펴면 단풍잎이라

단풍나무, *Acer palmatum*

일엽지추(一葉知秋)라, 갈잎 하나 떨어짐을 보고 교교히 물드는 가을 영그는 것을 안다. 시도록 푸른 하늘에 만산홍엽(滿山紅葉)이다! 뭇 산이 울긋불긋, 가을을 잔뜩 머금은 단풍으로 예쁘게 단장하였도다. 그렇다. 봄에는 모든 이가 시인이 되고, 가을에는 죄다 철인이 된다고 하였지. 어느 결에 늦가을이 산정에서 머뭇거림 없이 슬금슬금 내려왔다. 우리나라 봄꽃은 하루에 꼭 20킬로미터가 넘는 속도로 내처 북상하고, 가을 단풍은 매일 해발 고도 100미터씩 하산하며 얼추 25킬로미터 빠르기로 남행한단다.

식물도 물질대사를 하기에 노폐물이 생긴다. 하지만 우리처럼 콩팥 같은 배설기가 따로 없는지라 세포 속 액포(液胞)라는 작은 주머니에다 배설물을 모조리 모았다가 진잎에 실어 내버린다. 따라서 늙은 세포일

생명의 이름

수록 액포가 크고 많으며, 온갖 식물, 균류와 일부 원생동물, 세균에도 있다. 이들 주머니에는 물과 함께 화청소(花靑素, 안토시아닌), 당류, 유기산, 단백질, 색소 등과 숱한 무기물이 들어 있다. 그리고 이는 쓰다 버린 해로운 물질을 분해 저장하고, 쳐들어온 세균을 무찌르며, 세포를 팽팽하게 부풀게 하는 팽압과 산성도(pH)도 일정하게 지탱한다.

그런데 눈부시게 가을을 수놓는 여러 단풍의 아름다움이 이 액포에 있다면 여러분은 믿겠는가. 터질듯 부푼 액포 안에는 카로틴, 크산토필(xanthophyll), 타닌(tannin) 같은 광합성 보조 색소는 물론이고 화청소에다 달콤한 당분도 녹아 있어 잎을 물들인다.

단풍 빛깔의 생성은 꽤나 복합적이다. 이들 보조 색소들은 봄여름 내내 짙푸른 엽록소에 가려져 있다가 난데없이 나타난 추상같은 냉기에 초록빛 잎파랑이가 흐물흐물 녹으면서 시나브로 겉으로 드러난다. 하여 카로틴은 감잎을 누렇게, 크산토필은 은행잎을 샛노랗게, 타닌은 참나무 잎사귀를 갈색으로 염색한다. 그런데 빨간색은 좀 달라서, 과일이나 꽃빛을 이루어 자외선으로부터 세포를 지켜 주는, 또 항산화물로 암이나 노화에 그리 좋다는 화청소 탓이다.

근데 액포의 당분이 화청소와 만나 단풍을 훨씬 맑고 밝게 발색(發色)하니, 가을에 청명한 날이 길수록 당이 많이 만들어져 단풍이 더 산뜻하고 화사한 것. 거참 눈을 홀리는 알록달록, 붉으락푸르락 고운 단풍도 알고 보니 서넛 색소와 안토시아닌, 당분이 부린 수리수리 마술이었구나!

어느 시인은 "손을 움켜쥐면 주먹이요, 펴면 단풍잎입니다."라 하였겠다. 여태 내 손이 단풍잎인 것도 모르고 살았네그려. 그지없이 황홀케 하는 새빨간 단풍잎은 주로 갈잎큰키나무(낙엽 교목)인 단풍나뭇과(科)의 것들로, 세세히 나누면 더 많지만 크게 보아 다섯 종이 있다. 잎사귀 둘레에 손가락에 해당하는 기름한 삼각형의 잔잎(열편(裂片)이라는 한자어도 기억하시길.)이 3개면 신나무, 5개는 고로쇠액을 뽑는 고로쇠나무, 7개면 단풍나무, 9개는 당이 많아 유난히 붉고 화려한 당단풍, 11개는 섬단풍이다. 별로 하는 빈말이 아니다. 푸나무도 살갑게 제 이름을 불러 주면 어김없이 살래살래 고개 흔들고 쌍긋빵긋 웃으며 반기다가, 얼결에 뿌리째 확 뽑아 열째게 당신께로 후다닥 마구 달려올 것이다.

단풍이 눈에 성큼 들면 늙었다는 징조란다. 저 맵시 곱고 아리따운 단풍잎에 저무는 만추(晚秋)의 황혼과 쇠한 조락이 깃들었다. 하지만 다시 못 올 찬란한 이 한가을을 한껏 즐겨 볼 일이다.

생명의 이름

은행나무, 살아 있는 화석

은행나무, *Ginkgo biloba*

은행나무(銀杏—, ginkgo tree)는 은행나뭇과(Ginkgoaceae), 은행나무속에 드는 낙엽 교목(落葉喬木)으로 겉씨식물(나자식물(裸子植物)이라고도 한다.)이다. 소나무, 향나무, 소철, 전나무 등 대부분의 겉씨식물은 잎이 바늘 꼴(針狀)인 데 반해, 은행나무의 잎은 넓은 부채꼴(fan-shaped)인 너부죽한 활엽수(闊葉樹)이다. 여러 기록들을 보니 은행나무를 침엽수(針葉樹)라 하는데, 이는 '나자식물은 곧 침엽수'라는 괜한 옳지 못한 생각에서 비롯된 것으로 어림없는 주장이다. 무엇보다 서로 유사한 근연종(近緣種)이 없는 독특한 식물로 지구 환경의 변화(역사)를 훤히 꿰뚫어 봐 왔다.

중생대 쥐라기부터 현재까지 파란만장의 세월을 내내 잘도 버텨 거뜬히 살아 있는 가장 오래된 식물 중 하나로, 바퀴벌레만큼이나 끈덕진 한가락 하는 나무로 이런 것을 '생화석(生化石, living fossil)'이라 부른다.

(무려 2억 7000만 년 전 화석이 발견되었다.) 중국 원산으로 자생(自生)하는 것들은 거의 다 절멸하고 현재는 중국 저장 성(浙江省)에 오롯이 얼마간 남아 있다 한다. 세계적으로 널리 퍼졌고, 우리나라에도 전국에 잎사귀는 물론이고 열매를 얻는 유실수(有實樹)로 일부러 심는다.

또 노거수(老巨樹)가 많고 수형(樹形)이 멋있으며 넓고 짙은 그늘을 제공한다는 점, 가을 단풍이 매우 아름다우며 병충해가 거의 없는 등 여러 가지 장점이 있어서 가로수로 많이 심는다. 또 은행잎에는 생약 성분인 '징코 플라본 글리코사이드(ginkgo flavone glycosides)'가 있어 말초 모세혈관은 물론이고 몸 전체의 혈액 순환을 좋게 하며, 특히 우리나라 은행잎에 이 성분이 많다 하여 독일 같은 나라에서 많이 들여간다고 한다. 목재는 결이 곱고 치밀하며 탄력이 있어서 가구, 조각, 바둑판, 밥상 등으로 쓰이며, 예로부터 절이나 사당(祠堂) 등에 많이 심었다.

은행나무(Ginkgo biloba)의 학명에서 속명 Ginkgo는 '은행', 종명 biloba의 bi는 '둘', loba는 '잎 모양(lobed)'이라는 뜻으로 학명은 잎이 두 갈래로 갈라진다는 특징을 잘 보여 준다. 그리고 한자어로는 열매 껍데기(과피(果皮)라는 말을 들어 보셨을 것이다.)가 은(銀)빛 나고 살구(杏) 닮았다고 하여 은행목(銀杏木), 할아버지가 심어 긴 세월이 지난 다음 손자가 열매를 따 먹는다고 공손수(公孫樹), 잎의 모양이 오리발을 닮았다 하여 압각수(鴨脚樹)라고 한다. 행(杏)은 살구나무를 뜻하기도 하나 은행나무를 뜻할 수도 있다고 하며, 은행나무는 중국의 나라나무(國樹)이다. 은행잎은 우리 성균관 대학교의 상징이요, 일본 도쿄의 심벌로 특히 동양에서 사랑받는 나무이다.

은행나무를 영어로 'maidenhair tree'라고도 하는데 이는 공작고사리(maidenhair fern)의 잔잎(소엽, 우편(羽片)이라는 말은 들어 보셨는가.)을 닮았다 하여 부르는 이름이며, 수고(樹高)가 보통 10미터이지만 50미터에 달하는 것도 있다. 잎은 가지 끝에 3~5개가 조밀하게 묶어나기(총생(叢生)이라는 말은 앞에서 보았다.)하고, 보통 5~10센티미터 길이로 잎맥(葉脈)이 촘촘히 가는 부챗살처럼 방사상으로 뻗으며, 흔히 잎 가운데가 얕게 갈라지지만 전연 짜개지지 않는 것과 두 개 이상 타지는 것이 있다.

이들은 암수딴그루식물(雌雄異株植物)로 풍매화(風媒花)이며, "은행나무도 마주 심어야 열매를 연다."고 암나무와 수나무가 가까이 있어야 결실하는 '사랑의 나무'다. 암(우)과 수(♂)가 따로 있는 목본(木本) 식물에는 은행나무 말고도 비자나무, 주목, 버드나무, 뽕나무, 산초나무, 초피나무, 다래 등등 상당히 많지만 초본(草本)은 드물어 그나마 한삼덩굴, 수영, 시금치 등이 있을 뿐이다. 은행은 4월에 꽃이 피고, 녹색의 암꽃은 짧은 가지 끝에 달리며, 암꽃 끝자락에 두 개의 배주(胚珠, 우리말로는 '밑씨', 영어로는 'ovule'이다.)가 생기며 수분(受粉, 꽃가루받이, pollination) 다음에 하나 또는 두 개 모두가 열매를 만든다. 노란 수꽃은 꽃잎이 없고 2~6개의 수술이 있으며 꽃가루는 바람 타고 멀리까지 퍼진다. 암꽃 끝의 화분실(花粉室)에 들어간 꽃가루는 발육하여 수천 개의 편모를 가진 정자(精子)로 바뀌며 그것이 장란기(藏卵器)에 이동하여 수정(受精)한다.

은행 열매는 결코 과일(fruit)이 아니라 씨(seed)이고, 그 껍질 색이 흰 까닭에 백과(白果)라고 하는데, 신선로 등 요리에 쓰이고 과자의 재료가 되기도 하며 기침을 억제하고 가래를 제거하는 진해, 거담에 약효가 있다 하여 구워 먹기도 하지만 어른도 한 번에 10개 이상 먹지 않는 것이 좋다고 한다. 잎은 벌레들도 안 먹고 열매는 새도 안 먹는다. 은행잎은 바퀴벌레를 쫓고 책갈피에 끼워 두면 좀이 덤벼들지 못한다고 한다.

은행은 독하고 검질긴 식물로 어미나무가 무슨 일로 죽으면 반드시 밑동 뿌리에서 한 떨기 새 순이 새록새록 돋는다! 어허! 이거야 원. 1945년 히로시마에 원자 폭탄이 터졌을 때 주변(1~2킬로미터)에 큰 은행나무가 여섯 그루 있었는데, 다른 푸나무들은 홀라당 그을려 죽었지만 이들 은행나무에서는 다시 움이 터 지금껏 자라고 있다 한다.

은행나무의 열매는 둥근 핵과(核果)로 노랗게 익으며 씨껍질 안에 단단하고 2~3개의 모(능선)가 난 둥그스름한 은백색 씨(1.5~2센티미터)가 든다. 황갈색에 물렁물렁한 육질의 살집에는 부티르산(butyric acid)이 들어 있어 살갗에 염증이 생기게 하고 구린내가 심하게 난다. 그리고 은행 씨알에는 익혀도 파괴되지 않는 MPN(4-O-methylpyridoxine)이라는 물질 탓에 많이 먹으면 비타민 B6의 작용을 방해하며 구토나 경련을 일으키기도 한다. 친구 한 사람은 가을 은행을 한가득 주워 독에 넣고 물을 부어 우려낸 국물을 밭에 뿌려 벌레를 잡는다고 하는데 그것이 곧 '천연 농약'인 셈이다.

은행나무의 암수 감별은 온전히 요란 떨어 점치듯 가늠하였을 뿐 수령(樹齡)이 15년 이상이라야 확실히 가능하였다. 그런데 근래 산림 과학

생명의 이름

원이 DNA를 이용한 성 감별법으로 수나무에만 있는 DNA 표지 유전자(SCAR-GBM)를 발견하였으니, 이제는 1~2년짜리 묘목도 암수 구별이 간단명료해졌다. 따라서 농가에는 값진 백과 채취가 가능한 암나무를, 길거리에는 늘비하게 널브러져 주체 못할 악취가 풍기지 않는 수나무를 심을 수 있게 되었다.

천연 기념물 제30호인 양평 용문사 내의 은행나무는 나이가 약 1,100~1,500여 년으로 추정되며(세계적으로 2,500년 넘게 산 은행나무도 있다고 한다.) 높이 42미터, 밑둥치 둘레 15미터로 동양에서는 가장 크며, 신라 마지막 태자 마의태자가 망국의 설움을 안고 금강산으로 입산하는 길에 가지고 있던 지팡이를 꽂고 간 것이 자라서 지금의 은행나무가 됐다는 슬픈 전설을 가지고 있다.

일엽지추(一葉知秋)라, 겨울을 재촉하는 갈바람이나 세게 부는 날에 아름드리나무에서 줄곧 샛노란(크산토필 색소 때문이다.) '은행잎 비'가 우수수 내리는 모습은 장관이 아니던가. 이로써 가을도 영락없이 사위어 간다!

나무의 죽살이, 타감 작용

타감 작용, allelopathy

　겉보기와는 영 딴판인 식물들의 예사롭지 않은 속내를 좀 보려 한다. 텃밭에 심은 남새가 띄엄띄엄 버성기면 약삭스런 바랭이나 비름 따위가 잽싸게 비집고 들어오지만, 입추의 여지도 없이 배게 난 얼갈이배추나 열무 밭에는 전혀 엄두도 못 낸다. 그리고 촘촘한 채소를 솎지 않고 그냥 두면 충실한 놈들이 부실한 것들을 잔인하게도 깡그리 짓뭉개버리고, 뜨문뜨문 몇만 득세하여 문실문실 자란다. 정녕 잘났다고 뻐기는 어리석고 가녀린 동물들의 살기 다툼 정도는 저리가라다.

　나무도 모아 심어야 곧게 자란다고 한다. 쭉쭉 치벋은 솔밭에 들어, 미생물을 억제한다는 상큼한 피톤치드를 흠씬 맡으며 삼림욕을 하다 보면 풀숲은 참 푸근하고 평화롭기 그지없다. 하지만 과연 그럴까. 거목 밑에 잔솔 못 자란다고, 소나무밭에는 애송은 물론이고 딴 것들도 범접(犯接)하지 못하니, 이는 솔뿌리나 썩은 솔잎이 분비한 갈로타닌이나 짙게 드리워진 그늘 탓이다. 그렇지만 어미나무를 베어 버리면 수많은 애솔들이 와글와글 앞 다퉈 고개를 내민다.

게다가 호두나무는 주글론(juglone)을, 유칼립투스는 유칼립톨(eucalyptol)이란 물질을 잎줄기나 뿌리, 낙엽에서 뿜어내 주변의 푸나무를 못살게 한다. 또 잔디밭의 토끼풀은 휘발성 테르펜(terpene)을 내어 잔디를 거꾸러뜨리면서 끈질기게 삶터를 야금야금 넓혀 간다. 여기에 든 예들은 식물계에서 잘 알려진 것일 뿐, 여느 식물도 나름대로 죽기 살기로 서로 박 터지게 싸운다. 턱없이 미욱한 식물이 뭘 안다고? 모르는 소리다. 귀신이요, 요물들이다. 지구에 동물보다 훨씬 먼저 온, 알아 줘야 하는 우리 형님이신 걸.

이렇게 뿌리나 잎줄기에서 나름대로 독성 물질을 분비하여 이웃 식물의 발아와 생장을 억제하는 생물 현상을 '타감 작용(他感作用)'이라 하며, 다른 말로 '알레로파시(allelopathy)'라 한다. 타감(他感)이란 딴 식물에 영향을 미침을 뜻하고, 영어 'allelopathy'의 'alle-'는 '서로(相互)', '-pathy'는 '해침'이란 의미다. 그리고 앞서 말한 갈로타닌이나 테르펜처럼 옆 식물을 죽이거나 해를 끼치는 물질을 '타감 물질(他感物質, allelochemical)'이라 한다.

노린재를 건드리거나 잡는 순간 역한 냄새를 뿜어내듯이, 허브 식물이나 제라늄 따위를 그냥 두면 아무 향이 나지 않지만 슬쩍 스치기만 해도 낌새를 채고 별안간 강한 냄새(타감 물질)를 풀풀 풍긴다. 또한 식물성 화학 물질(phytochemical)인 설익은 토마토나 감자의 솔라닌, 항균성인 마늘의 알리신(allicin), 매운 고추의 캅사이신 같은 대사산물을 세포의 액포(液胞) 안에 묵혀 두어서 거센 해충이나 지독한 병균을 막고 쫓는 무기로 삼는다. 단연코 깔볼 식물이 아니다.

사람이나 여느 동식물 모두가 먹이(food)와 공간(space)을 더 많이 차지하려고 드센 약육강식과 검질긴 생존 경쟁을 한다. 그런데 식물들이 단순히 양분, 물, 해를 놓고 다툴 때를 '자원 경쟁'이라 하는데, 실제로 타감 물질로 보호와 방어, 생존을 도모하는 것보다 자원 경쟁이 심각한 경우가 훨씬 많다. 식물은 그렇게 온몸을 던져 섬뜩할 정도로 야멸스레 싸움질하니, 뿌리로는 물과 거름을 빼앗고, 잎줄기로는 상대를 누르고 빛을 가린다.

어쨌거나 식물은 한번 터 잡으면 옴짝달싹 못 하고, 일평생을 제자리에 붙박이로 버둥대며, 절박하고 모진 환경에도 악착같이 버텨 내니 적이 놀랍다 하겠다. 찌는 더위에 칼 추위, 목마른 가뭄에 큰물도 마냥 견뎌 내는 영특한 식물들에서 한 수 배운다.

나무의 겨울 채비

동면, hibernation

수북이 쌓인 가랑잎 더미를 자박자박 걷다가는 두 발로 바닥을 슬슬 끌며 부스럭부스럭 헤집고 나간다. 일엽지추(一葉知秋)라, 작은 일을 보고 앞으로 닥칠 큰일을 짐작한다. 아침저녁으로 제법 선득선득 스산한 바람이 불고, 사람의 마음까지 교교히 물들게 하는 가을빛이 만연한 만추다. 가을아 가지 마라. 하지만 입동이 지나면 머잖아 겨울에 자리를 넘겨주겠다.

낙엽귀근(落葉歸根)이라고, 잎사귀는 뿌리에서 생긴 것이니 다시금 본디 자리로 돌아간다. 의연히 제자리에서 몫을 다하고 홀연히 흙으로 되돌아가는 갈잎의 모습이 마치 인연이 다해 이승을 떠나는 수행자를 닮았다고나 할까. 그런데 진잎(고엽)은 뿌리를 도와 얾을 막고, 또 곱게 썩어 모수(母樹)에 흙냄새 물씬 풍기는 기름진 거름이 되어 준다.

저 고운 단풍들도 쇠하면서 비바람이나 쌩쌩 불어제치는 날에는 온통 우수수 낙엽 비를 뿌린다. 하여 잎을 떠나보내고 휑하니 벌거벗은 나무들의 모습을 본다. 그런데 만약에 겨울나무들이 잎을 떨어뜨리지 않는다면? 한겨울 송곳 추위에 발치의 물은 얼어 버려 줄기를 타고 오르지 못하는데 가지의 잎에서는 잇따라 증산한다면 결국 나무는 말라 죽고 만다. 서둘러 겨울 채비를 하는 참으로 속 차고 똑똑한 나무에서 유비무환(有備無患)의 슬기를 배운다.

2~3년 잎을 달고 지내는 침엽수를 빼고 활엽수들은 죄다 잎을 턴다. 그런데 예외로 바짝 마른 잎을 겨우내 어린줄기에 끌어 앉고 지내는 누추한 모습(?)을 더러 본다. 참나뭇과(科)에 속하는 밤나무나 참나무 무리들과 단풍나뭇과의 단풍나무 종류들이다. 그렇다. 넓적하게 쩍 벌어진 잎자루 끝자락으로 여린 겨울눈(동아(冬芽)라는 창연한 한자어도 있다.)을 감싸 시림을 막아 주고 있다가 이듬해 봄 싹틀 무렵에 절로 떨고 만다. 형만 한 동생 없다 하지 않는가.

그건 그렇다 치고, 여름에 그 싱그러웠던 잎사귀들이 어찌 늦가을이면 너푼너푼 떨어지는 것일까? 지구 인력은 가을에만 작용하는 것도 아닐 텐데 말이지. 맞다. 겨울이 올 기미가 보이면 줄기와 잎자루 새에 떨켜(이층(離層)라는 말도 있다.)가 생겨나 슬쩍 건드리거나 산들바람이 불어도 잎이 맥없이 뚝하고 꺾인다. 즉 식물 생장 호르몬인 옥신(auxin)이 힘을 미치던 때는 멀쩡하였던 것이 기온이 내려가면서 옥신 농도가 팍 줄어듦으로 인해 부랴부랴 떨켜가 생겨난 탓이다.

생명의 이름

그런데 떨켜는 아무 데나 생기지 않고, 도마뱀 꼬리가 잘릴 자리가 미리 정해져 있듯이 나뭇잎 잎자루 아래 예정된 곳에서 난다. (싱싱한 잎을 따 보면 알 것이다.) 떨켜는 여러 층의 특수 세포가 망가지면서 조직이 한결 연약해진 자리로, 물론 과일이나 꽃에도 있다.

뿔뿔이 때굴때굴 뒹구는 널따랗고 둥그런 플라타너스(양버즘나무) 이 파리 하나를 주워 시인의 마음으로 들여다본다. 사물과 자연을 두루 자세히 살피고 싶으면 시인이 되라 한다. 두툼한 잎살과 핏줄 닮은 관다발인 잎맥으로 이뤄진 잎몸이 있고, 아래쪽에 길쭉한 잎자루가 붙었다. (잎살과 잎몸은 각각 엽육(葉肉)과 엽신(葉身)이라고도 한다.) 그런데 잎자루 끝을 꼼꼼히 살펴보면 빠끔빠끔한 구멍들이 보인다. 그것들이 뿌리에서 물을 옮겨 나른 물관과 잎에서 만들어진 양분이 지나간 체관의 자국들이다. 드디어 잎을 버린 헐벗은 나무는 깊은 겨울잠에 빠지게 된다. 나무들의 휴면이 진짜 동면이다. 아무렴, 다시 오지 않을 세기(世紀)의 이 가을을 마냥 즐길 것이다.

겨울을 겨우겨우, 겨우살이

겨우살이, *Viscum album*

버스가 거친 눈바람을 헤치며 설악산 한계령 고갯길 따라 인제 쪽으로 내처 굽이치는 가파른 내리막을 내닫는다. 중간쯤 올 때면 절로 왼쪽 차창으로 고개 돌려 앙상하게 헐벗은 참나무 숲으로 눈길이 간다. 군데군데 우람하게 걸려 있는 까치 둥지만 한 '나무 위의 나무'에 눈이 꽂힌다.

여기서 말하려는 '겨우살이'는 겨울에도 푸르게 산다고 붙은 이름이라는데, 내 생각으로는 '겨우겨우, 가까스로 살아간다.'라는 뜻으로 보인다. 겨우살이(*Viscum album*)는 겨우살잇과(科)의 상록 기생 관목(常綠寄生灌木)으로 다른 나무에 빌붙어 근근이 살아간다. 어렵사리 숙주(宿主) 나무에 기생하면서도 살이 통통한 잎사귀에 엽록체를 듬뿍 담고 있어서 적으나마 스스로 광합성을 한다. 따라서 겨우살이를 반기생 식물(半

寄生植物이라 부른다.

그들은 우듬지에다 보통 식물 뿌리와 사뭇 다른 빨대 모양의 질긴 기생뿌리를 깊게 박아 기생나무의 관다발(물관과 체관)에서 수액(물과 양분)을 들이빨고, 파고든 뿌리가 관다발(유관속)을 틀어막아 끝내 시름시름 말라 죽게도 한다. 이렇듯 주인을 해코지하면서 얹혀 사는 주제에 꽃 피우고 열매 맺는 꽃식물(종자식물)이라고 하니 주제넘고 얌통머리 없다.

겨우살이는 세계적으로 200여 종의 나무에 900종 남짓이 더부살이한다. 우리나라에는 겨우살이, 참나무겨우살이, 동백나무겨우살이들이 참나무, 밤나무, 뽕나무, 오리나무, 자작나무, 배나무 무리에 기생한다고 한다. 물론 본디부터 단짝이 있어, 한 나무에 어떤 겨우살이가 들러붙어 살지는 정해져 있다. 즉 그 나무에 그 겨우살이만 깃드는 것이다. 이를 인연이라 해야 할까? 하긴 악연도 연이라 하였으니…….

줄기는 Y자로 갈라지고, 긴 타원형으로 두툼하고 다육질(多肉質)인 황록색(어린잎은 진녹색이다.) 잎을 만져 보면 가죽처럼 꺼칠한 것이 윤기가 하나도 없다. 또 암수딴그루(자웅 이주)라 노란 암꽃·수꽃이 다른 나무에 지천으로 피고, 곤충이나 새들이 꽃가루받이를 한다. 10~12월에 열매살(과육)이 담뿍 든 둥글고 반투명한 열매가 연노랗게 영글고, 안에는 오롯이 씨앗 한 개씩이 있다.

산새를 꼬드기는 달콤한 구슬 열매 속의 씨앗에는 비신(viscin)이란 물질이 들어 있다. 그런데 새가 살집이 통통한 열매를 냉큼 따 먹으면 그것의 끈끈한 접착력 탓에 새부리에 씨알이 쩍쩍 들러붙으니 나뭇가지에 쓱쓱 문지르게 된다. 또 끈적거리는 똥도 줄기에 문질러 닦는다. 하여 비신이 마르면서 씨앗을 나뭇가지에 찰싹 엉겨 붙인다. 정녕 겨우살이의 기묘한 번식 작전에 어리둥절할 따름이다.

서양인들은 통상 겨우살이를 생기와 사랑, 생식력을 상징하고 귀신을 내쫓는 신성한 나무로 여겨 크리스마스 장식에 쓰고, 또 부엌이나 현관에 주렁주렁 걸어 놓고 그 아래에서 입 맞추며 청혼도 한다. 게다가 열매 점액을 '끈끈이'로 써서 벌레나 새, 쥐 등을 잡는다.

또한 한방에서는 특별히 뽕나무겨우살이(상기생(桑寄生)이라고도 한다지.)를 요통과 동맥 경화, 동상, 중풍의 치료용 약재로 썼다고 한다. 그런데 요즘에도 우리는 물론이고 서양서도 '겨우살이 요법(mistletoe therapy)'이 인기를 끌고 있다 하니, 항암 성분인 비스코톡신(viscotoxin)이 많이 들어 있어 암을 다스린다고 한다. 하여 바로 지금도 산들의 겨우살이가 된통 박살이 나고 있다. 한계령 자락의 그것들도 모진 수난을 당하지 않았는지 모르겠다.

식물들의 겨울나기

미기후, microclimate

휘몰아치는 북풍한설에 짙푸르렀던 나무는 온통 잎사귀 지고, 풀대는 송두리째 쪼글쪼글 말라비틀어져 버리는 겨울이다. 소나무, 잣나무를 빼고는 죄다 앙상한 알몸으로 본색을 드러내고, 혹독한 추위에 덥다 사시나무 떨듯 벌벌거리며 황량하게 웅크렸다.

그런가 하면 정적이 감도는 냉혹한 세한에도 추운 내색 않고 기세당당, 거칠 것 없이 세차게 설치는 동물이 있으니 우연하게도 날짐승과 길짐승이다. 여타 냉혈 동물들은 칼 추위에 옴짝달싹 못하고 숨어 버렸지만 유독 온혈 동물인 조류와 포유류는 아랑곳 않고 기를 쓰고 나댄다.

미기후(微氣候, microclimate) 이야기다. 한여름에 나무 그림자에 들면 서늘하지만 밖은 덥고, 태양열을 고스란히 받는 양달은 기온 지온이 높으나 응달은 낮으며, 내리 찬바람을 받는 곳과 가림막이 있는 곳의 기후가 다르고, 앞마당과 뒤뜰 또한 다르니 이런 차이를 미기후라 한다. 대도시만 해도 구역에 따라 제가끔 기온과 바람, 강우량과 강설량이 다르다고 하지 않는가.

매서운 추위를 감싸 주는 이불 담요 같은 겨울눈이 지천으로 내리는 해에는 보리농사가 풍년이라 한다. 일부러 온도계를 들고 나가 기온을 재 보고, 15센티미터 눈 무덤 속 온도를 재 봤더니만 공중 공기는 섭씨 영하 15도인데 눈 밑 땅바닥은 놀랍게도 섭씨 0도다. 두꺼운 눈이 단열재가 되어 찬 공기를 차단한 탓이다.

두두룩한 밭두렁의 눈(雪)은 볕을 받아 이내 풀어져 버리지만 두렁에 가려 푹 꺼진 고랑의 것은 여간해서 녹지 않는다. 밭에서도 이랑과 고랑 사이에 이렇게 온도가 다르니 이 또한 미기후다. 무엇이나 고정불변하지 않고 변함을 빗대어 "이랑이 고랑 되고 고랑이 이랑 된다."고 한다.

미기후는 식물상(植物相)에도 영향을 끼친다. 헬쑥하고 시푸르죽죽 검붉게 빛바랜 냉이, 민들레, 달맞이꽃, 애기똥풀 등이 도래방석처럼 둥글넓적하게 쫙 펼쳐서 땅바닥에 바싹 엎드렸다. 또한 아래위의 크고 작은 잎들이 번갈아, 엇갈려 나면서 동심원(同心圓)으로 켜켜이 포개졌다. 무슨 수를 써서라도 미기후(태양열과 지열)를 모조리 모아서 쓰겠다는 심사다. 겨울 노지에서 자라 잎이 널따랗게 퍼진 겉절이용 봄배추(봄동)가 전형적인 로제트 꼴이며, 겨울 풀들은 틀에 찍어 낸 듯 하나같이 그런 모양새다.

자연은 남다른 호기심으로 자기를 대하는 이에게만 비밀의 문을 살며시 열어 준다. 식물 생태학의 비조(鼻祖)인 덴마크의 크리스텐 라운키에르(Christen Raunkiær)는 겨울철 식물의 생활 모습을 30여 가지로 분류하였으니 이를 라운키에르 생활형(Raunkiær's life form)이라 한다. 그중에서 움싹이 틀 겨울눈(동아(冬芽)는 앞에서 살펴보았다.)이 있는 자리에 따른 생활형을 지상 식물, 지표 식물, 반지중 식물, 지중 식물, 1년생 풀로 나누었다.

이들 중에서 마지막의 한해살이 식물은 겨울눈 대신 씨앗을 남긴다. 그리고 바짝 마른 야무진 씨알은 물이 없다시피 해 여간해 얼지 않는다. 곡식의 종자는 불씨처럼 잘 간수해야 하기에 "농부는 굶어 죽어도 씨앗을 베고 죽는다."고 하였고, 신부 집에 보내는 함(函)에도 꼭 오곡을 넣었다.

정녕 삶이 힘들고 지겹다 싶으면 지금 당장 산밭가로 나가 보라. 여기저기 터 잡고, 죽살이치며 살아가는 검질긴 생명들이 당신을 살갑게 맞을 터이니. 힘내라 겨울 푸나무들이여, 포근하고 소담스런 봄이 어김없이 오고야 말 터이니.

동물들의 겨울나기

청개구리, *Hyla japonica*

더우면 더위가 되고 추우면 추위가 되라 한다. 말이 그렇지 추운 날 아무리 겨울다워 좋다고 되뇌어 봐도 살밑, 뼛속으로 파고드는 찬기에 쩔쩔맨다. 연세가 지긋한 분들이 한여름에도 목장갑을 끼는 걸 보고 의아하였는데 늙고 보니 마침내 수족이 냉한 까닭을 알겠다. 체온 대사가 예전만 훨씬 못한 탓이다. 세월 앞에선 청솔도 이기지 못한다고 하지 않는가.

사람이나 동물이나 모두 살을 에는 매운 겨울 추위에 식겁한다. 그러나 보라. 정적이 감도는 황량한 밭가 야산에는 고추바람 무릅쓰고 보란 듯이 기세등등하게 설치는 놈들이 있다. 까막까치는 물론이고, 참새, 뱁새, 딱따구리, 꿩, 산비둘기, 어치 들과 청설모, 들쥐, 길고양이, 고라니 들이다. 여기저기 휘젓고 다니는 것들은 애오라지 정온 동물(온혈 동물)인 새(조류)와 길짐승(포유류)뿐이다. 여타 변온 동물(냉혈 동물)은 칼추위에 죽었거나 온기 있는 곳에 숨어들었다.

여기 일례로 우리나라 청개구리의 겨울잠을 본다. 동면(冬眠)은 보통 곰, 다람쥐, 박쥐 같은 정온 동물을 대상으로 삼지만 개구리도 괜찮다. 겨울 냉혈 동물은 기온이 내려가면 체온도 따라 곤두박질쳐 심장 박동과 호흡수가 뚝 떨어진다. 송곳 바람이 불면 물개구리는 냇물의 바위 밑에서, 참개구리는 땅굴이나 바위틈에서 떼거리로 어렵게 멀고도 험한 동절을 간신히 보내는데, 미련퉁이 바보 청개구리는 안타깝게도 홀이불인 가랑잎 더미 속에서 땡땡 찬 얼음 되어 고된 겨울을 앙버티며 맞겨룬다.

돌멩이처럼 꽁꽁 얼어 버린 냉동 청개구리는 안절부절못하고 일각이 여삼추로 생명만 근근부지한다. 연둣빛 살갗은 빛바래어 거무죽죽해지고, 야들야들하였던 몸뚱이도 빳빳하게 굳어서 잡아 건드려 보아도 꿈쩍 않는다. 앙상하고 파리해진 검질긴 청개구리는 몸의 65퍼센트가 깡깡 얼어 버려 심장 어름에만 피가 돌 뿐 죽은 시체나 다름없다. 그러나 포도당 등 여러 부동 물질 때문에 그리 쉽게 세포들이 죽진 않는다.

녀석들도 가을에 겨울 채비로 벌레를 잔뜩 잡아먹어 놓아 몸에 글리세롤 같은 기름기를 그득 비축해 놓았기에 심장이나마 살아 뛴다. 참 눈물겹고 가련한 청개구리다. 아니다. 청개구리도 다 꿍꿍이속이 있다. 체온이 내려가면 물질대사가 멈추다시피 하여 양분 소모를 몹시 줄인다. 다시 말해서 에너지 소비를 목숨을 유지하는 데 필요한 기초

생명의 이름

대사율 이하로 왕창 줄인다.

어떻게 하든 양분 소비를 한껏 줄여 새봄까지 견디겠다고 그러는 것이다. 그건 액체 질소로 섭씨 영하 196도로 내린 동결 정자나 냉동 인간이 오래오래 보관될 수 있는 것과 같다. 그런가 하면 남극해의 대구 일종인 얼음 물고기들도 생물 부동액(不凍液)인 포도당, 글리세롤, 당알코올(소르비톨), 당단백질 등을 이용하여 바닷물이 얼기 직전 온도인 섭씨 영하 1.8도에서도 끄떡없다.

어찌 겨울이 지나지 않고 봄이 오랴. 힘든 일을 굳세게 이겨 내야 좋은 일이 생긴다. 겨울나기를 한 소나무가 푸름을 되찾고 청개구리들이 펄떡펄떡 날뛰는 포근하고 화사한 춘절은 분명 오고야 말 터이니, 기꺼이 동장군과 벗하여 아린 이 세한(歲寒)을 마냥 즐길지어다.

겨울 견딘 푸나무, 봄을 맞나니

소나무, *Pinus densiflora*

예부터 조상들은 엄동설한의 풍광을 청송백설(靑松白雪)이라 하였겠다. 늘 푸른 소나무에 눈부신 하얀 눈! 질펀히 깔린 대지의 설경이 아스라이 한눈에 들지 않는가. 겨울은 휴식의 계절이요, 휴식은 노동의 연속이라 한다. 저기 저 논밭뙈기들도 여름 내내 곡식들에 잔뜩 진을 빼앗긴 터라 이른바 땅심 올리느라 쉬고 있다. 자연도 저렇게 일 없이 푹 노는 한가한 철이 있었구나.

겨울잠은 동물에만 해당하는 것이 아니다. 실제로 온대·한대의 나무는 한겨울엔 안간힘을 다해 동면한다. 추우면 굴속에, 푹한 날이면 굴 밖에서 서성대는 곰이 가짜 동면 중이라면, 송곳 추위에 체온이 따라 내려가 얼음 덩어리 되어서 겨우겨우 명맥만 부지하는 나무들의 동면이 진짜다.

생명의 이름

살을 에는 지독하게 아린 혹한에 온 생명이 깡그리 얼어 죽을 것 같은데도 좀처럼 죽지 않고 질기게 버티는 것이 참으로 신통하다. 그중에도 송죽(松竹)은 초한(峭寒)을 즐기듯 독야청청하니, 어찌 겨우내 만취(晚翠)를 뽐낼 수 있단 말인가. 겨우살이란 사람도 그렇지만 나무도 죽살이치는 일이다. 그러나 몹시 시린 엄동이 있기에 봄의 따사로움을 느낀다. 쫄쫄 배곯는 애옥한 삶을 살아 보지 않고 어찌 배부름의 고마움을 알겠는가. 사람이나 나무도 모질게 시달리면서 더욱더 강인해진다.

나무의 겨울나기를 소나무에서 본다. 뿌리엔 켜켜이 쌓인 솔가리가 솜이불 되고, 줄기는 용린(龍鱗) 같은 두둑한 수피가 더덕더덕 붙어서 과동(過冬)에 문제없으나 고추바람에 잎사귀들이 문제로다. 솔잎도 밤새 꽁꽁 얼어 철심같이 빳빳이 굳으나 대낮엔 햇볕에 스르르 녹아 싱싱해진다.

그런데 늦가을에 접어들면 소나무는 일찌감치 고달픈 냉한을 알아채고 월동 준비하느라 부동액을 비축하니, 이를 '담금질(hardening)'이라 한다. 세포에 프롤린(proline)이나 베타인(betaine) 같은 아미노산은 물론이고 수크로오스(sucrose) 따위의 당분을 저장한다는 말이다.

솔잎의 세포질에는 얼음 결정(핵)이 생기질 않고 세포와 세포 사이의 틈새(세포 간극)에만 결빙(結氷)되는데, 세포벽은 셀룰로오스와 리그닌, 펙틴으로 되어 있어 고래 힘줄같이 질기기에 여간해서 세포가 깨지지 않는다. 결국 틈새의 얼음 알갱이가 더 커지려면 연방 세포질 안의 물을 밖으로 빨아내는 수밖에 없다. 허나 물을 빨아내면 빨아낼수록 세포액의 농도가 짙어지면서 더욱이 빙점(氷點)이 낮아져 잘 얼지 않는다. 다시 말해 세포에 유기물(용질)이 잔뜩 걸쭉해지므로 저온에 순응하여 동해(凍害)를 입지 않으니, 이는 소금기 짙은 바닷물이나 유기물이 한껏 늘어난 한강이 예전보다 결빙이 잦지 않은 것과 같은 이치다. 더없이 영민한 나무들의 생명력에 감복을 금치 못한다.

나무는 그렇다 치고, 풀은 어떻게 세한을 거뜬히 날까. 추위에 영 약한 놈들은 죄 죽는 대신에 쉽게 얼지 않는 바싹 마른 씨앗을 남겼고, 더덕이나 도라지는 잎줄기가 쇠락해 버리지만 여린 싹을 머리에 인 억센 뿌리를 땅속에 깊게 박았으며, 냉이나 민들레는 비록 핼쑥해진 잎사귀가 푸름을 잃고 시푸르죽죽해졌지만 땅바닥에 납작납작 겹겹이 포개져 태양열과 지열을 한껏 받는다.

푸나무(풀과 나무)들아 힘내라. 노루 꼬리만큼 남은 매운 동절기를 조금만 더 참으렴. 어김없이 칼바람 그치고 새록새록 화사한 새봄이 오고야 말 터이니. 정녕코 봄을 이기는 겨울 없다.

생명의 이름

우듬지까지 오르는 물의 이치

수액, sap

말 그대로 만화방창(萬化方暢)하다! 어느덧 봄바람이 건듯건듯 불어 하루가 다르게 잎이 돋고 꽃이 피며, 온갖 나뭇가지가 싱그럽게 풀빛을 띤다. 힘차게 물오름(수액 상승)이 일어난 탓이다. 하여 이미 고로쇠나 다래나무 줄기에서 '식물의 피' 수액(樹液, sap)을 받았다. 그리고 나무도 모아 심어야 곧게 자란다고 하였다. 세상에서 가장 키가 큰 세쿼이아(115.72미터)는 고사하고, 10미터 넘는 큰키나무의 우듬지까지 어찌 나뭇진이 거뜬히 오른담?

봉숭아 뿌리에다 사프라닌(safranine) 용액을 뿌려 주면 붉은 물이 물관을 타고 세차게 올라가는 것을 볼 수 있다. 또 색소나 방사능으로 알아보면 보통 수액 이동 속도는 어림잡아 1분에 60~75센티미터에 이른다고 한다.

속씨식물은 물관을, 양치식물과 겉씨식물은 헛물관을 타고 수액이 올라가 잎에서 증산한다. (물관과 헛물관은 각각 도관(導管)과 가도관(假導管)이라고도 한다.) 이때 흙의 무기물(거름)도 물에 녹아 옮겨진다. 또 양분은 물관의 바깥에 자리한 체관(사관(篩管)이라는 말도 알아 두시길.)을 통해 물관부와 반대 방향으로 내린다.

수액 상승의 원리를 근압(根壓, root pressure), 음압(陰壓, negative pressure), 모세관 현상(毛細管現象, capillary phenomenon), 응집 장력(凝集張力, cohesion-tension)으로 설명한다. 그러나 어느 하나도 딱 떨어지게 그 영문을 설명할 수가 없다. 그럼 하나하나의 그 까닭과 이치를 간단히 보자.

첫째, 뿌리에 생기는 수압(水壓)에 따라 수액이 밀려 올라간다는 근압설이다. 근압은 식물체의 농도가 토양보다 짙어 일어나는 삼투압 현상으로, 2월 말에 시작하여 3월 말경에 최고에 달하니 그때 수액을 채취한다. 그리고 늦가을에 수세미 밑동을 자르고 남은 아랫동아리를 큰 뒷병에 꽂아 뒀더니만 밤새 미어터지게 차고 넘치는 것도 그 때문이다.

둘째, 물체의 내부 압력이 외부(대기) 압력보다 낮은 상태를 음압이라 한다. 물이 잎의 기공에서 증산한 만큼 물관부에 음압(압력 차)이 생겨 물이 가뿐가뿐 딸려 올라간다. 물이나 음료수가 빨대에 빨려드는 것처럼 말이다.

셋째, 가는 물관부의 모세관 현상설이다. 액체가 유리관 같은 매우 좁은 공간의 벽을 따라 시나브로 올라가는 것이 모세관 현상이다. 흡수지나 천의 섬유가 모세관 구실을 하여 물이 번지거나 알코올램프 심

생명의 이름

지를 통해 잇따라 연료가 올라가는 것도 같은 현상이다. 또 가뭄에 밭을 매는 것도 흙의 모세관을 잘라 물의 증발을 막기 위함이다. 그리고 사람의 핏줄을 모두 이으면 12만~13만 킬로미터나 된다는데, 제아무리 심장 힘이 세다 해도 대부분이 5~10마이크로미터의 모세혈관이기에 가능하다.

넷째, 물 분자끼리 작용하는 인력(引力)을 응집력이라 한다. 물관부의 물 분자들이 수소 결합을 하여 서로 잡아당기는 응집 장력과 물관부벽 언저리의 접착력(接着力, adhesion)이 하나의 물기둥을 이뤄 끊임없이 상승한다는 응집 장력설이다. 여러 주장들 중에서 이것이 물오름에 가장 크게 작용한다고 여겨지는 이론이다.

거듭 말하지만 앞의 어느 이론도 수액 상승의 원리 원칙을 머뭇거림 없이 선뜻 설명하지 못한다. 이렇게 나무라는 생물체에 그 복잡다단한 화학과 난해하기 짝이 없는 물리 이론이 들어 있으니 그렇다. 하여 신비로운 과학 세계는 아직도 모르는 것이 아는 것보다 수십, 수백 배 더 많다.

마무리로 묶어 말하면, 수액은 뿌리의 근압, 증산에 따른 물관부의 음압, 모세관 현상, 물기둥의 응집 장력과 접착력이 각각 한몫씩 하여 드높게 나무를 오른다. 정녕 한 그루의 나무 또한 예사로운 생명체가 아니다!

뿌리 깊은 나무는
토양 세균과 함께 살지어다

뿌리, root

나무뿌리도 바쁘게 생겼다. 얼었던 땅이 스르르 녹아 싱그러운 수액(樹液)이 치올라 겨우내 메말랐던 나뭇가지가 촉촉하고 푸릇해진다. 맞다. 깊은 샘은 물이 마르지 않고, 뿌리 깊은 나무는 바람에 흔들리지 않는다. 뿌리는 뭐니 해도 식물 밑동을 땅에다 굳게 박아 바람에 넘어지지 않게 할뿐더러 '식물의 입'으로 물과 무기 양분을 빨아들인다. 사막 식물은 상상을 뛰어넘을 만큼 깊게 많은 뿌리를 내리지만 수생 식물은 숫제 뿌리가 없다시피 하다. 콩나물도 물이 넉넉하면 곁뿌리가 적지만, 물이 달리면 수북이 잔뿌리를 단다.

어쨌거나 여느 생물도 혹독한 환경에 처하면 이겨 내고 벗어나기 위해 애써 변하니 그것이 적응(適應)이요, 진화(進化)다. 예부터 젊어 고생은 사서 하라 하였다. 갖은 애를 써서 호된 고난을 버티는 것은 곧 '진화 중'인 셈이고, 그런 사람에게선 인간다운 맛과 향이 듬뿍 난다.

그리고 "뿌리 깊은 나무 가뭄 안 탄다."고, 무엇이나 근원이 깊고 튼튼하면 어떤 시련도 견뎌 낼 수 있다. 또 "뿌리 없는 나무가 없다."고, 모든 것에는 다 근본이 있다. 하여 개인의 본바탕과 집안 내력, 국가와 민족 전통 등도 근원(根源, root)이 있는 법이다. 오죽하면 음수사원(飲水思源, 물 한 모금을 마실 때도 시원(始原)을 생각하라.)이라 하였겠는가.

그리고 땅위에 드러난 식물의 잎줄기와 땅속에 든 뿌리 생체량(生體量)이 거의 맞먹는다. 지상에 있는 한 포기의 풀과 한 그루의 나무를 모조리 잘라 각각의 무게를 달고, 지하의 원뿌리·잔뿌리를 몽땅 파내 재어 보면 둘의 무게가 엇비슷하다는 말이다. 이는 곧 잔잔한 강이나 호수에 드리워진 물속 나무 그림자가 그 나무의 뿌리와 맞먹는다는 것이다. 하여 식물의 뿌리를 '숨겨진 반쪽'이라 하는 것.

이목지신(移木之信)이란 말이 있다. 나라를 다스리는 사람은 백성에 대한 약속을 어기지 아니하고 믿음을 준다는 뜻이다. 또한 나무도 옮겨 심으면 3년 뿌리를 앓는다고 하는데, 이는 어떤 일을 치르고 난 뒤에 뒷수습을 하기 위해 많은 어려움이 뒤따른다는 의미다. 그런데 보통 큰 나무를 이식하고 나면 으레 챙겨 났던 걸쭉한 막걸리를 뿌리둘레에 듬뿍 흩뿌린다. 그리고 그때 모토(母土)를 싸 와 흩어 주니 지금껏 죽이 맞았던 토양 세균(土壤細菌)과 더불어 지내게 해 줌이다. 나무뿌리도 낯을 가린다? 암튼 옮기느라 마구잡이로 몽탕몽탕 잘려 생채기 나고 곪아 터진 뿌리를 새살 나게 하는 것은 토양 세균들의 몫이다. 토양 세균이 분비하는 항생제 물질이 식물 뿌리를 돌봐 주는 것이다. 여기 막걸리를 뿌려 주므로 세균들이 푸지고 실하게 그 수를 불린다.

다시 말하면 푸나무(초목)는 흙의 세균 없이 살지 못한다. 세상에 공짜 없는 법. 기름진 흙속의 수많은 세균과 균류(菌類, 곰팡이)는 불용성(不溶性)인 무기 영양소를 이온(ion)화시켜 양분 흡수를 거들고, 반대로 미생물은 식물로부터 탄수화물 등을 얻는다. 이렇게 식물과 토양 미생이 도우며 함께 산다. 그래서 뿌리 곁에는 딴 곳보다 갑절이나 더 많은 미생물이 득실득실 들뀐다고 한다.

이윽고 애타게 기다렸던 새 봄기운이 새록새록 느껴지누나. 주자십회훈(朱子十悔訓)에 "봄에 씨를 뿌리지 않으면 가을에 후회한다. (춘불경종추후회(春不耕種秋後悔))"고 하였다. 회한(悔恨) 없는 삶을 살 수 없을까. 어쨌거나 땅을 가꾸고 일구는 흙일은 본능적인 것이다. 옳거니, 정녕 텃밭은 나의 수도장(修道場)이렷다. 물씬 풍기는 풋풋한 흙냄새 흠씬 맡고, 살포시 흙살 뒤집어써 심성(心性)까지 해맑게 해 주는 봄밭에다 뭇 씨앗을 정성껏 심으리라.

생명의 이름

뻐꾸기가 둥지를 틀었다고?

뻐꾸기, *Cuculus canorus*

뻐꾸기 수놈 녀석은 앞이 탁 트인 나무 우듬지나 피뢰침에 곧잘 앉아 짝 편 꼬리를 까딱까딱 흔들면서 울림이 느껴지는 우렁찬 소리를 낸다. 수컷은 "뻐꾹, 뻐꾹, 뻑뻑꾹" 고래고래 소리를 내지르지만 암컷은 "삣빗삐" 고작 들릴락 말락 낮은 소리를 낼 뿐이다.

그런데 아무리 귀 기울여 들어 봐도 '뻐꾹'인데 어째 서양인들 귀에는 'cuckoo'로 들리는 것일까. 그나저나 우리네 집집마다 뻐꾸기 한두 마리씩 키우고 있으니, 뻐꾸기시계이거나 '쿠쿠' 밥솥이다. 헌데 저 여름 철새는 분명히 작년에 이 근방 숲에서 태어난 놈이리라. 저들은 이날 이때껏 그랬듯이 태어나 자란 보금자리를 올바로 기억하여, 동남아시아에서 겨울나기를 하고 되찾아든다. (이를 귀소 본능이라 하지.) 그리고 다른 새들이 꺼리는 나방이 유충 송충이나 쐐기벌레같이 털이 부숭부숭

난 모충(毛蟲)을 즐겨 먹는다.

"뻐꾸기가 둥지를 틀었다."고? 턱도 없고 얼토당토않다. 이 얌체들은 스스로 알을 품지 못하고 딴 새 둥지에 몰래 집어넣어 새끼치기를 하니 이를 탁란(托卵)이라 한다. 뻐꾸기(*Cuculus canorus*)를 비롯하여 야마리 없는 기생(寄生) 새는 모두 두견과로 지구 전체 새의 1퍼센트(100여 종) 정도이고, 한국에도 뻐꾸기, 등검은뻐꾸기, 두견이, 매사촌 들이 있다. 이들은 숙주(宿主) 새인 뱁새, 멧새, 개개비, 때까치에 의탁(依托)하는데, 기생 새와 숙주 새가 서로 단짝이 정해져 있고, 알은 크기만 다를 뿐 모양새와 무늬가 비슷하다. 엄청 큰 뻐꾸기(체장 33센티미터)가 황새 따라가다 가랑이 찢어진다는 꼬마 뱁새(13센티미터)에 맡기는 것도 매한가지다. 어찌 이런 기구하고 얄궂은 연분을 맺어 긴긴 세월을 살아 왔담? 또한 기생 새는 어김없이 덩치가 저보다 작은 숙주 새를 고르니, 그래야 새끼끼리 싸워 이긴다.

뻐꾸기와 뱁새를 예로 보자. 암컷이 멀찌감치 앉아 골똘히 눈치 보다가 뱁새가 잠깐 자리를 비운 사이 날래게 알 서넛 중 하나를 밀쳐 버리고, 10초 남짓 걸려 알 하나를 퍼뜩 낳고 벼락같이 튄다. 이렇게 집집마다 약삭빠르게 싸돌아다니면서 10개가 넘는 알을 맡기는 악랄한 이기적 유전자를 가진 뻐꾸기는 한 집에 꼭 하나만 낳으니, 뱁새가 둘 다키우기가 버겁다는 것을 아는 모양이다.

그리고 뱁새는 알까기에 14일이 걸리는 데 비해 뻐꾸기는 9일이면 부화한다. 근데 뻐꾸기 새끼는 부화 10시간이 지날 무렵이면 기어이 망나니 본성이 발동하니, 날갯죽지를 뒤틀어서 뱁새 새끼들을 둥우리 바깥으로 죄 몰아 내쳐 버리고는 어미 맘 사느라 갖은 야양을 떨어 사랑을 독차지한다. 왠지 영문도 모르는 뱁새 어미, 알고도 속아 주는 것일까? 남의 새끼를 금이야 옥이야 보살피는 어미 뱁새다. 그런가 하면 배로 낳은 어미와 가슴으로 낳은 두 어멈을 가진 새끼 뻐꾸기다.

여기 생뚱맞은 이야기 하나. 지금까지 써 온 '뱁새'란 보통 이름이고, 우리말 이름(국명)은 '붉은머리오목눈이'이다. 국명(國名)은 지방마다 다르게 쓰이는 향명(鄕名) 하나를 표준어화한 것이며, 아무리 길어도 '붉은머리오목눈이'처럼 붙여 써야 한다. 또 학명은 나라 따라 다른 것을 라틴 어로 통일한 만국 공통어다. 더군다나 국제 명명 규약에 따라 학명은 뻐꾸기의 학명 *Cuculus canorus*처럼 이탤릭으로 써야 한다. 부끄럽게도 우리나라 신문이나 잡지에 학명을 제대로 쓴 것을 여태껏 단 한 번도 보지 못하였다.

하물며 얌통머리 없는 사람 뻐꾸기를 더러 본다. 집 앞에 버려진 아이를 업둥이라 한다지. 또한 정당 주변을 빈둥거리다가 잽싸게 한자리 차지하는 '뻐꾸기 수법'을 구사하는 얄미운 꼼사리꾼 정객도 있더라. 아무튼 "뻐꾸기도 6월이 한철이라." 하니 한창때를 놓치지 말지어다.

밤 눈 밝은 올빼미

올빼미, *Strix aluco*

"올빼미 눈 같다."란 낮에 잘 보지 못하다가 밤에 더 잘 봄을, "올빼미 제 나이 세기."라거나 "올빼미 셈"이란 통 셈을 할 줄 모르는 사람을, '올빼미 족'은 늦게 일어나 해가 뉘엿뉘엿 지기 시작해야 정신이 맑아지는 사람을, '올빼미 버스'란 얼마 전부터 다니기 시작한 서울의 심야 버스를 일컫는다.

우리나라 올빼미는 올빼밋과 올빼미속의 맹금류(猛禽類)로 부엉이, 소쩍새도 같은 과에 속하며, 이 둘은 다 같이 머리 꼭대기에 두 개의 귓바퀴 꼴의 깃뿔(우각(羽角), ear tuft)이 우뚝 솟아 있으나 올빼미는 그것이 없다. 집은 대부분 나무에 저절로 생긴 구멍인 구새통이며, 전형적인 텃새로 천연기념물 제324-1호로 보호종이다.

민감한 청각, 소리 안 나는 비상(飛翔)이 야간 먹이잡이에 도움을 주고, 눈자위 둘레를 낮짝 모양으로 둥글넓적하게 두꺼운 깃털로 에워쌌으니 이를 '안면판(facial disc 또는 facial mask)'이라 하며, 거기서 모은 소리를 귀에 전달한다. 올빼미는 멀리서 들려오는 풀잎 흔들림이나 먹잇감의 바스락거림인 저주파 소리도 듣는다는데, 그래서 우기(雨氣)에 후드득 후드득 떨어지는 물방울 소리 방해 탓에 사냥을 못 하고 내내 쫄쫄 굶는 수가 있다 한다.

올빼미 눈은 심한 원시(遠視)라서 가까운 물체는 보지 못할뿐더러, 고정된 눈알을 움직이지 못하기에 머리를 빨리빨리 이리저리 돌려서 (사방 270도까지 돌린다고 한다.) 먹이를 찾거나 천적을 피하는데, 목뼈가 14개로 사람의 7개에 비해 2배나 많다 한다.

머리를 상하좌우로 까닥거리면 몰래 노려보고 있다가 느닷없이 날쌔게 기습적으로 내리꽂거나 활강(滑降)하여 먹이를 덮친다. 너울너울 후드득, 올빼미의 낢에는 특이하게도 날갯소리가 나지 않으니 깃털이 엄청 부드럽고, 무엇보다 날갯죽지 깃 가장자리에 수많은 빗살톱니 (serration) 깃털이 있어서 소음을 지워 버리는 탓이라 한다.

이들은 암수가 평생을 일부일처(一夫一妻)로 함께 지내고, 2~3개의 알을 암컷 혼자 30일간 품는다. 날카로운 부리와 발톱을 갖고 있으며, 쥐 따위의 설치류(齧齒類)가 주된 먹이지만 토끼 새끼, 새, 지렁이, 딱정벌레 (갑충(甲蟲)이라는 말도 있다.)도 잡는다. 잡자마자 통째로 꿀꺽 삼켜 버리는데, 먹은 것 중에서 소화 안 된 털이나 뼈 같은 것은 나중에 뭉치로 토해 버리니 이를 '올빼미 펠릿(owl pellet)'이라 한다.

"우우, 우우, 우후후후후!" 이따금씩 들리는 소리가 왜 그리도 으스스하고 섬뜩한지 모른다. "올빼미가 마을에 와서 울면 사람이 죽고, 지붕에 앉으면 그 집이 망한다."고 하듯이 우리나라에서는 예부터 올빼미를 불행과 재앙의 징조로 보아 흉물스런 새로 취급하였다.

그러나 서양에서는 올빼미를 학문(學問)과 지혜(知慧)의 상징으로 삼았는데, 지혜의 여신 아테나(Athena)에게 바친 제물도 올빼미였다 한다. 또 올빼미의 큰 머리, 둥근 얼굴, 정면을 향한 두 눈, 중앙에 세로로 선 콧대, 낯(얼굴) 둘레의 희끗희끗한 깃털들이 천생 후덕(厚德)한 할아버지를 빼닮았다. 하여 서양의 학교나 도서관, 서점 앞에 올빼미 간판이 서 있고, 선물 가게 어디서나 올빼미 장난감이 수두룩하다.

"날 샌 올빼미 신세"라거나 "대낮의 올빼미"란 만사 끝장났다거나 힘없고 세력 없어 어찌할 수 없는 외로운 신세를 이르는 말이란다. 어쩌면 좋지. 어느새 글 쓰는 이 사람도 날이 훤히 샌 대낮 올빼미 처지가 되었으니 말이다. 그래도 노추(老醜), 노욕(老慾) 없이 사는 데까지 곱게 살련다.

생명의 이름

펄펄 나는 꾀꼬리 암수가 정다운데

꾀꼬리, *Oriolus chinensis*

"못 찾겠다 꾀꼬리 꾀꼬리 꾀꼬리 꾀꼬리 나는야 오늘도 술래 / 못 찾겠다 꾀꼬리 꾀꼬리 꾀꼬리 꾀꼬리 나는야 언제나 술래." 1980년대 유행하였던 조용필의 노래 「못 찾겠다, 꾀꼬리」라는 노래 가사다. 꾀꼬리는 예부터 목소리가 고운 사람을 비유적으로 이르는 말이었으며, 국민 가수께서도 꾀꼬리 음성으로 숨넘어가듯 멋지게 불러 젖힌다. 수탉이 24가지 소리를 종횡무진 낸다는데, 꾀꼬리는 그보다 많은 32가지의 소리 굴림이 있다고 한다.

꾀꼬리(*Oriolus chinensis*)는 참새목, 꾀꼬릿과의 중형 새로 지구상에는 28종이 알려져 있고, 유라시아 대륙에는 두 종만이 서식하는데, 한국에는 한 종이 온다. 꾀꼬리는 날렵하게 생긴 멋쟁이 새로 청아한 울림이 있는 울음소리가 맑고 고우며, 모양새도 날씬하고 샛노란 것이 매우 아름답다.

꾀꼬리는 몸길이 25센티미터로, 우리나라에는 흔한 여름 철새다. (여름 철새는 거의 숲새이고, 겨울 철새는 하나같이 물새이다.) 영어로 된 보통 이름은 'black-naped oriole'인데 이는 '목의 뒤쪽(naped)이 검은(black) 꾀꼬리 (oriole)'라는 뜻이다. 한국과 시베리아, 우수리 지역, 중국 북동부, 북베트남 등지에서 새끼를 치고, 태국, 미얀마, 인도 북부에서 월동하며, 동남아 일부에서 텃새로도 생활한다. 동남아시아에서는 꾀꼬리를 잡아 사고팔아서 관상용으로 기르기도 한다.

강하고 붉은 부리가 특징으로 길이 2.8~3.4센티미터이며, 온몸이 선명한 노란색(golden) 깃털로 덮여 있고, 검은 눈선(eye-stripe, 눈을 감싸는 띠를 일컫는다.)이 뒷머리까지 이어져서 마치 머리에 띠를 두른 모양이다. 날개 끝에는 검은 줄무늬가 있으며, 꼬리는 검은색으로 끝은 노랗고, 다리는 검은 회색이다. 암컷은 수컷에 비해 체색이 좀 흐리고, 눈선(과안선 (過眼線)이라는 한자말도 기억하시라.)이 좁으며, 새끼는 암컷과 비슷하다.

잡식성으로 봄철에는 매미, 메뚜기, 잠자리, 거미와 몸에 털이 부숭부숭 많이 난 나방이의 애벌레인 송충(松蟲)이 같은 모충(毛蟲)을 즐겨 잡아먹으며, 가을철에는 식물의 열매를 두루 먹는다! 한편 까마귀, 물까마귀 등이 둥지를 공격하여 알을 꺼내 먹으며, 매들이 주된 천적이다.

노래를 잘 부르기로 유명한 꾀꼬리는 심산 오지에서 농촌과 도시의 공원에 이르기까지 도처에서 진을 치고 살고, 여름철에는 야산이나 구릉지에서 볼 수 있다. 번식은 5월부터 7월 사이로 활엽수와 침엽수

생명의 이름

의 수평으로 뻗은 나뭇가지 사이에 둥우리를 틀며, 풀잎이나 나무껍질, 풀뿌리 등을 엮어서 밥공기 모양의 둥지를 만든다. 알자리에는 가는 풀뿌리나 잎사귀, 깃털 같은 것을 깐 후에 연어 알 같은 반점과 검은 얼룩이 있는 네댓 개의 알을 낳는다. 알은 어미가 품는데, 그 때면 수컷은 무척 바쁘게 설치면서 먹이를 물어 나르며, 포란한 지 14~16일이면 부화하고, 새끼 기르기(육추(育雛)라는 말은 앞에서 보았다.) 2주 후에 새끼는 집을 떠난다.

"호호, 휘오, 휘호." 부드러운 휘파람 소리를 내는데, 일단 둥지를 틀면 제 영역에 접근하는 것을 매우 싫어하니, 사람이나 개, 고양이 등이 가까이 다가가면 단박에 발끈하여 "까앗 까" 따위의 날카로운 소리를 내지르며 살기등등하게 드센 공격을 퍼붓는다. 마구 획획 머리 정수리를 죽기 살기로 쪼려 드니 섬뜩한 느낌에 주눅이 들고, 얼이 빠질 지경이다. 이게 홈(그라운드)의 이점(home advantage)일까? "똥개도 제 집 앞에서는 50퍼센트 먹고 들어간다."고, 꾀꼬리 텃세 하나는 알아줘야 한다.

그런데 꾀꼬리 녀석은 가끔 숲속의 개미집에 천연덕스럽게 덥석 내려 앉아 날개를 활짝 펴고 기어오르는 개미를 깃털 속으로 들어가게 하거나, 개미를 부리에 물고 깃털이나 살갗에 문지르고 있으니 이를 소위 '개미 목욕(anting, 의욕(蟻浴)이라고도 한다.)'이라 한다. 개미가 분비하는 강한 산성인 개미산(formic acid, 의산(蟻酸)은 앞에서 보았다.)을 문질러 몸의 기생충을 죽여 없애는 행동인데, 몇몇 조류에서 볼 수 있는 해괴한 습성이다. 이는 전신에 모래나 흙을 뒤집어쓰는 '모래 목욕', '흙 목욕(dust bathing)'이나 물에서 하는 '물 목욕'도 다르지 않다.

개미산은 곤충이나 진드기, 곰팡이, 세균 따위를 죽일뿐더러 잡은 곤충에 문질러 벌레를 맛나게 하여 잡아먹고, 또 깃털을 맵시 나게 치장할 때 바르는 기름(preen oil) 대신으로 쓰는데, 어떤 새는 개미 말고 지네를 잡아 독을 분비하게 하는 '지네 목욕'도 한다. 하늘을 나는 새들에게까지도 뭇 기생충이 달려드는 모양이다.

닭을 바깥에 쳐 두면 풀잎도 따 먹고, 검불 바닥을 싹싹 헤집어 지렁이 등의 벌레를 맘껏 잡아먹는다. 이제 밥통(모이주머니)이 좀 찼다 싶으면 흙구덩이를 파고는 벌러덩 드러누워, 연신 다리도 뻗대고, 신명 나게 날개로 모래나 흙을 전신에 퍼덕퍼덕 퍼부어 대니 그것이 사욕, 토욕으로 모래흙을 속 깃털 사이사이에 묻혀 살에 붙은 기생충들을 떨어낸다.

어디 그뿐인가. 우리 시골의 뒷산 중턱에 보면, 움푹 들어간 구덩이에 누런 진흙탕 물이 고인 곳이 있으니 거기가 바로 산돼지 목욕탕이다. 놈들이 떼 지어 나뒹구니 역시 몸에 붙은 진드기들을 떨쳐 내자고 그런다. 그리고 바로 구덩이 옆 참나무 둥치가 껍질이 벗겨진 채로 반들반들하니, 모가지나 몸통의 가죽을 쓱쓱 부빈 자리다. 게다가 웅덩이에서 산새들이, 조롱(鳥籠)의 물통에 새들이 목욕을 하지 않던가.

영어사전을 들춰 보면 꾀꼬리를 나이팅게일(nightingale, *Luscinia megarhynchos*)로 써 놓아 혼란을 일으키는 수가 더러 있다. 나이팅게일도 노래 잘하기로 유명한데, 참새목, 딱샛과, 방울새속의 이 새는 깃털 색도 옅은 갈색으로 곱지 않고, 꾀꼬리의 반도 안 되는 작은 새이며, 유럽이나 서아시아에 살면서 겨울나기를 서아프리카에서 하며 우리나라에는 오지 않는다.

꾀꼬리를 한자어로 '황조(黃鳥)'라 한다. 모습이 아름다운데다가 울음소리까지 맑아 예부터 시가(詩歌)의 소재로 많이 쓰였는데, 그중에서 고구려 제2대 유리왕이 지었다는 「황조가(黃鳥歌)」가 유명하다. 왕은 왕비가 죽자 화희(禾姬)와 치희(雉姬) 두 여인을 계실(繼室)로 맞았는데, 이들은 늘 서로 싸움질하였다. 왕이 사냥을 가 궁궐을 비운 틈에 화희가 치희를 모욕하여 한(漢)나라로 쫓아 버렸다. 왕이 사냥에서 돌아와 이 말을 듣고 곧 말을 달려 뒤를 쫓았으나 화가 난 치희는 돌아오지 않았다. 왕이 탄식하며 나무 밑에서 쉬는데, 짝을 지어 날아가는 황조를 보고 「황조가」를 지었으니, "펄펄 나는 황조는 암수가 정다운데, 외로운 이 내 몸은 뉘와 함께 돌아갈까?" 아무튼 꾀꼬리는 고구려 시대부터 오래오래 우리와 역사를 함께한 탓에 한국의 역사를 훤히 꿰고 있는 새렷다!

누가 참나무 가지를 꺾었을까

도토리거위벌레, *Mecorhis ursulus*

　십 수 년을 하루도 거르지 않고 죽기 살기로 걷고 뛰었건마는 대사증후군(代謝症候群)이라고 군살을 빼란다. 과식한 탓이다. 마냥 배고픔을 즐기리라. 하여 춘천의 애막골 산등성이 오솔길을 힘차게 걸을 참이다.

　산길 양편에는 소나무들이 많지만 띄엄띄엄 참나무들도 자리하였다. 참나무란 참나뭇과(科)의 신갈나무, 상수리나무, 떡갈나무, 갈참나무, 졸참나무 따위를 이른다. 산행을 즐기는 분들은 분명코 맞닥뜨렸을 줄 안다. 해마다 빠짐없이 7월 초순쯤부터 8월 말경까지 그런다. 참나무 아래에 도토리가 달린 참나무 잎가지가 꺾인 채, 발에 밟힐 정도로 흐드러지게 쫙 깔려 있는 것을 말이다. 나를 아는 사람들은 저게 뭐며 왜 그런지, 영문을 몰라 꼬치꼬치 캐묻는다. 누가 눈총 받을 짓거리를 한 것일까?

그것들은 하나같이 채 익기 전의 풋도토리 두셋과 넓적한 잎사귀 네댓을 매단 새 줄기다. 줄기 끝자락이 2~3센티미터 길이로 가위질한 것처럼 정교하게 똑똑 잘렸다. 이는 분명 절로 떨어진 것이 아니라 뭔가가 일부러 한 짓임을 직감한다. 흔히 '도토리가위벌레'라고도 불리는 '도토리거위벌레'라는 놈의 소행이다.

도토리거위벌레(*Mecorhis ursulus*)는 딱정벌레목, 거위벌렛과에 드는 맵시로운 곤충으로 참나무를 먹이 식물로 삼으며 도토리를 축낸다. 성충(어른벌레)의 몸길이는 어림잡아 9밀리미터 안팎이고, 몸통에 버금가는 가늘고 길쭉한 주둥이가 난 꼴이 천생 거위를 닮았다고 도토리거위벌레라 부른다. 살지고 뚱뚱하며, 체색은 짙은 자줏빛을 띤 붉은색이고, 머리와 가슴은 검다. 주로 상수리나무와 신갈나무에 피해를 주는 해로운 벌레다.

막 주운 나뭇가지 끝에 달린 풋도토리는 하나같이 여린 것이 진녹색에 반드르르하다. 또 도토리는 열매 밑동을 싸는 받침대 조각인 깍정이(각두(殼斗)라고 한다.) 위로 머리를 내밀었거나 반쯤 자랐다. 그런데 깍정이를 살펴보니 둘레 중간에 거무스름한 얼룩점 하나가 별나게 눈에 띄었다. 그 자리를 손톱으로 조심조심 까 보니 안의 도토리 껍질에도 빠끔한 반점 하나가 또렷이 났다.

어쨌거나 녀석들은 얄궂은 산란 버릇을 가진 녀석이다. 바늘구멍만 한 작고 까만 그 점이 바로 도토리거위벌레가 예리한 산란관(産卵管)을 꽂아 수정란(受精卵)을 낳느라 뚫은 자국이다. 또 한살이는 알, 애벌레,

번데기, 어른벌레 순으로 탈바꿈하는 완전 변태를 한다.

바쁘다 바빠. 도토리에 알을 낳자마자 나뭇가지 끝자리를 가윗날같이 날카로운 주둥이로 무쩍무쩍 마구 잘라 땅바닥으로 떨어뜨린다. 벌레 한 마리가 보통 20~30개의 알을 슨다고 하니 결국 한 마리 벌레가 잔가지 여럿을 떨어뜨린 셈이다. (도토리 하나에 딱 한 개씩 산란한다.) 통계에 따르면 줄잡아 우리나라 도토리 열매의 20퍼센트가 이렇게 해를 입는다고 한다.

도토리 속의 알은 5~8일이 지나면 부화하고, 유충은 물러진 도토리 속을 20여 일을 파먹고 자란 뒤에 도토리를 뚫고 나와 흙을 8~10센티미터 파고든다. 유충 상태로 겨울나기를 하고 이듬해 5월 하순 무렵에 번데기가 되었다가 7월 초순에 성충이 된다. 그러니 참나무 잎가지가 깔려 있다면 그즈음 녀석들이 참나무를 타고 올라가 한창 산란 행위를 하고 있었던 것이다.

암튼 도토리(우리 시골에서는 '굴참'이라고 하더라.)가 풍년이면 농사는 흉년이 든다는데 올해 도토리 소출이 어떨지 모르겠다. 도토리가 가득이면 숲의 귀염둥이 다람쥐와 지리산 멋쟁이 반달곰은 좋겠다.

귀공자 매미의 사랑 노래

참매미, *Oncotympana fuscata*

매미가 제철을 만났다. 우리 주변에 매미 세 종이 "모기 입이 삐뚤어
진다."는 처서가 지나도 구성지게 노래한다. 셋 중 중간 크기면서 아침
나절에 주로 우는 참매미는 연신 엉덩이를 들었다 놓았다 달랑거리며,
7~10번을 연해서 "맴맴맴맴" 하기를 10여 번 되풀이한다. 또 말만 한
말매미는 대체로 푹푹 찌는 한나절에 숨 쉴 틈 없이 30초쯤 "밈" 하다
가 뚝 그치는데, 귀가 따가울 정도로 우렁찬 울림 있는 노랫가락이 직
선적이고 강렬하다. 한낮 열기가 좀 식는다 싶으면 꼬마 애매미가 나긋
나긋 씰룩거리니 간드러지다고 할까. 녀석들의 노래 가사는 하도 요란
하고, 도통 갈피 잡기 어려운 가락이 두루 야릇하게 얽혀 있어 필설로
다 못할 따름이다. 잇따라 유지매미는 지글지글, 털매미와 늦털매미가
"찌찌" 하고 늦가을까지 멋진 연주를 이어 갈 것이다.

요컨대 매미 떼울음은 분명 짝짓기 노래(mating song)로, 암컷 마음을 사겠다는 수컷들의 절규요, 그야말로 극진한 사랑 교향곡이자 청순한 애정 합창이다! 노루 꼬랑지만큼 남은 한생을 속절없이 마감해야 하는 수놈들의 애절한 몸부림이라 여긴다면 무시로 시끌벅적대는 소리가 귀에 거슬린다기보다 되레 숙연해지리니……. 왁자지껄 시끄럽다고 너무 나무라지 말라.

수컷 매미의 배 첫 마디 양편에는 얇은 진동막(timbal)으로 된 발음 기관(소리통)이 있는데, 암컷은 그것이 없어 음치다. 덮개로 덮인 진동막에는 질긴 근육이 붙어 있어 그것을 끌어당겼다 놓았다 하므로 진동막이 떨어서 소리를 내고, 텅 빈 통 안에서 공명, 증폭된다. 귀뚜라미 소리가 바이올린을 켜듯 양 날개를 비벼 내는 마찰음이라면, 매미 소리는 색소폰처럼 얇은 막(리드)이 떨어 생기는 진동음이다.

매미 날개는 어느 것이나 맑고 투명하기 그지없으며, 입은 긴 침 꼴로 나무줄기를 찔러 수액(생즙)을 빤다. 한살이는 알, 애벌레, 성충으로 번데기 시기 없이 불완전 변태하며, 암컷은 3시간 가까이 신방을 차리고는 꽁무니 끝에 달린 뾰족한 산란관(産卵管)으로 죽은 나뭇가지에 산란한다. 이듬해 부화한 유충은 흙을 30센티미터나 파고 들어가 나무뿌리 수액을 빨아먹으면서 5~7여 년 동안 네 번 허물 벗고 자란다. 길고 긴 모진 인고의 시간을 끝내고 여태 신세 진 나무 그루터기를 타고 올라가 날개돋이(우화)하고는 그 자리에다 껍질(선퇴(蟬退)라는 말을 들어 보셨는가?)을 남긴다. 이렇게 곤충들은 일생의 거의 전부를 애벌레로 보낸다.

그런데 옛 어른들이 소쇄(瀟灑)한 귀공자 풍모를 한 매미의 생리와 생태를 속속들이 알아 챙기고 있으니 적이 놀랍다. 매미의 오덕(五德)은 문(文), 청(淸), 염(廉), 검(儉), 신(信)이란다. 입이 두 줄로 뻗은 것은 선비의 늘어진 갓끈을 상징하여 학문을 뜻하며, 평생을 깨끗한 수액만 먹고 살기에 맑음이 있고, 사람이 가꾸어 놓은 곡식과 채소를 해치지 아니 하므로 염치가 있으며, 집을 짓지 않으므로 검소함이 있고, 겨울이 오기 전에 때맞추어 죽을 줄 아니 신의가 있다고 하였다. 아무렴 "사랑하면 보인다."고 하였지.

헌데 임금님 머리 위에 매미가 앉았다! 조선 시대 임금들이 정사를 볼 때 쓴 관모(冠帽)가 '익선관(翼善冠)'인데, 관모에 매미 날개 모양의 작은 뿔 둘이 위로 불쑥 솟았기에 매미를 뜻하는 한자 선(蟬)을 써 '익선관(翼蟬冠)'이라고도 한다. 그 모자에 매미 날개가 없으면 서리, 옆으로 나면 문무백관, 임금과 왕자의 의관은 곤두섰으니 이는 늘 매미의 오덕을 잊지 말라는 뜻이었단다. 이제 곧 광화문이나 1만 원 지폐의 세종대왕 관모에서 매미 날개를 만나 보실 것이다.

의태, 속고 속이는 자연의 세계

총독나비, *Limenitis archippus*

대학원 시험일에 영어, 제2외국어 다음에 전공 차례였다. 다른 문제는 생판 기억조차 안 나는데 손도 못 댔던 'mimicry'는 왜 이리도 잊히지 않는 것일까? 이렇게 흉사, 낭패, 좌절 따위의 궂은일은 오래 기억에 남는다. 단연코 실패는 성공의 다른 이름이다.

서로 다른 종이 유사한 특징을 갖게 되는 것을 의태(擬態, mimicry)라 한다. 모방, 흉내, 변장, 가장 따위로 설명되며, 순우리말로는 짓시늉이라 한다. 짓시늉이란 동물이 다른 놈의 생김새, 색깔, 됨됨이 등을 본떠서 자신을 돌보고, 먹잇감을 사냥하기 위해서 주변과 비슷하게 꾸미는 것이다. 다시 말하면 제가끔 딴 생물이나 무생물의 모양, 색, 소리, 냄새 나부랭이를 가짜로 엇비슷하게 겉치레하여 상대를 속이는 은폐, 위장, 보호색, 경계색 등이 짓시늉이다.

학자들은 여러 가지 짓시늉을 다양하게 설명한다. 그중에서 아무런 무기가 없는 파리 일종인 꽃등에가 독침을 가진 꿀벌이나 말벌의 꾸밈새를 쏙 빼닮거나, 무독한 총독나비(viceroy butterfly)가 유독한 황제나비(monarch butterfly)와 어슷비슷하게 흡사해지는 것을 본보기로 삼으니, '베이츠 의태(Batesian mimcry)'다.

여기서 불가사의한 생태를 보이는 네발나빗과 황제나비의 이동(migration)부터 먼저 본다. 황제나비는 딴 나비와 달리 더듬이 나침판으로 이동 방향을 측정하고, 생체 시계로 시간을 재며, 지자기(地磁氣)로 위치를 파악하여 기를 쓰고 머나먼 길을 철새처럼 난다. 북중미 말고도 뉴질랜드, 호주 등지에도 비슷한 몇 종이 있다.

여름에 잠시 캐나다 남동부에서 설쳐 대던 황제나비는 구름 떼를 지어 가녀린 날개를 팔랑거리며, 초봄에 조상들이 겨울나기를 하고 떠났던 멕시코나 미국 남부로 내처 되돌아간다. (그 거리가 왕복 약 8,000~1만 킬로미터에 달한다.) 그들은 무척 맛난 먹이 식물인 박주가리(milkweed)를 찾아 대를 이어 가며 얄궂은 이주를 하는데, 봄 나비들이 단숨에 캐나다에 들렀다가 원래 자리로 되돌아가는 것이 아니고, 중간 중간에서 여러 세대(世代)를 번갈아가면서 차례차례 옮겨 가 비로소 한 바퀴 맴돈다.

박주가리 잎에 낳은 알은 4일 만에 깨이고, 줄곧 허물 벗으며 자란 유충은 2주 뒤에 번데기 되며, 잇달아 다음 2주 만에 날개돋이(우화(羽化)라고도 한다.)한다. 그렇게 성충이 되는 것이 한 세대다. 1세대는 2~3월, 2세대는 3~4월, 3세대는 5~6월, 4세대는 7~8월에 태어나 곧장 북으로 딥다 바쁘게 이동하고, 9~10월에 태어난 대찬 5세대들은 단명한 1~4세대들과는 달리 악착같이 오래 살며, 초주검이 되어 추워지기 전에 월동지에 당도한다.

다시 짓시늉 이야기로 돌아왔다. 총독나비 유충은 새들에 무해무독한 버드나뭇과의 잎을 먹지만, 황제나비 애벌레는 날짐승의 심장에 해를 끼치는 독성분이 든 독풀 박주가리를 먹고 자란다. 그 독성은 성체나비가 되어도 여태껏 몸에 남아 있어서 황제나비를 먹어 본 새들은 호되게 당한 탓에 절레절레 체머리 흔들며 먹기를 꺼린다. 그런데 독성분이 없는 버드나뭇과 식물을 먹은 총독나비도 새들이 멀찌감치 피하니, 몸피는 좀 작지만 허울은 천생 황제나비를 본뜨기(의태)하였기에 또래들을 혼동하여 먹지 않는 것이다.

맺음말이다. 인간도 별수 없이 동물일진대 본새가 하나도 딴 동물과 다르지 않다. 호가호위(狐假虎威)라, 여우가 호랑이의 위세를 빌리듯이 남의 권세를 꾸어서 꺼드럭거리며 함부로 날뛰는 사람들이 넘쳐나지 않던가. 또 논문 표절에다 겉치장으로 둘러맨 가짜 명품, 얼룩덜룩한 군복이나 전쟁 위장술 등등 이루 말할 수 없는 숱한 짓시늉이 인간 세상에 두루 몰래 숨어 있다.

생명의 이름

만수산 드렁칡이 얽혀진들 어떠하리

칡, *Pueraria lobata* / 등나무, *Wisteria floribunda*

어느 날 이방원과 정몽주가 술상을 앞에 놓고 자리하였다. 이방원은
자신의 야망 실현에 걸림돌이 되었던 정몽주를 회유하기 위해 먼저 시
한 수를 읊는다. "이런들 어떠하리 저런들 어떠하리 / 만수산 드렁칡이
얽혀진들 어떠하리 / 우리도 이같이 얽혀서 백 년까지 누리리라." 이른
바 「하여가(何如歌)」로, 정몽주에게 고려 왕조에 대한 절개를 굽히고 짐
짓 자신의 뜻에 동참하라는 권유였다. 그러자 정몽주가 이방원이 따라
주는 술 한 잔을 받아 들고는, "이 몸이 죽고 죽어 일백 번 고쳐 죽어 /
백골이 진토 되어 넋이라도 있고 없고 / 님 향한 일편단심이야 가실 줄
이 있으랴."로 화답하니, 「단심가(丹心歌)」가 아닌가. 여기서 글 쓰는 이의
눈을 끄는 것은 '언덕배기를 따라 뻗은 칡덩굴'을 뜻하는 '드렁칡'이다.

일상에서 자주 쓰는 갈등(葛藤)이란 말은 한마디로 칡(葛)과 등나무

(藤)의 싸움질을 뜻한다. 둘은 모두 덩굴 식물(만경식물(蔓莖植物)이라는 말도 쓰인다지.)이며 같은 콩과 식물로, 칡은 예부터 구황 식물로 썼으며, 갈근과 갈분으로 칡차와 칡국수를 해 먹는다. 한편 등나무는 한더위에 그늘을 주고, 줄기로 지팡이나 등의자를 만들며, 등꽃은 말려 부부 금실 좋으라고 신혼 금침(新婚衾枕)에 넣어 준다고 한다.

그런데 마당 한구석에 칡과 등나무를 한자리에 심어 큰 지주목(버팀목)을 타고 오르게 하였다. 이때 칡 넌출은 옆에서 보아 오른쪽으로 돌돌 감아 오르고, 등나무 줄기는 반대로 친친 감싸며 돈다. 다시 말하면 칡덩굴은 위에서 보아 시계 반대 방향으로 타래처럼 말아 꼬니 우권(右券, 오른돌이)이고, 등은 시계 방향으로 외틀어 오르니 좌권(左券, 왼돌이)이다. 식물들의 혈투 또한 동물계에 결코 못지않다. 이렇게 칡과 등나무는 죽살이치면서 서로 엇갈리게 뒤틀려 상대를 거침없이 짓누르고, 얼기설기 똬리 틀어 자리다툼을 한다. 그 용틀임이 해가 갈수록 더해 간다. 더불어 나팔꽃, 메꽃, 박주가리, 새삼, 마 등은 우권이고 등나무나 인동, 한삼덩굴은 좌권이지만 더덕처럼 양손잡이도 있다. 이렇듯 덩굴 식물은 종류마다 정해진 방향으로 칭칭 처매니, 방향을 일부러 바꿔 놓아도 다시 원래 제 방향대로 자리를 잡는다. 그 무서운 유전자의 명령 탓이렷다.

따라서 갈등이란 칡넝쿨과 등나무덩굴이 서로 얽히고설키는 것과 같이, 첫째로 서로 복잡하게 뒤엉켜 적대시하며 일으키는 분쟁을, 둘째로 상치되는 견해 따위로 생기는 알력을, 셋째로 정신 내부에서 각기

다른 방향의 힘과 힘이 맞부딪치는 마찰을 이르는 말이다. 말해서 불화와 상충, 충돌이 곧 갈등(conflict)이다. 언제까지 척지고 살 것인가. 모름지기 갈등의 고리를 어서 풀어 끊고 화합, 조화, 협력하며 상생할지어다.

칡을 오른손잡이라 치면 등나무는 왼손잡이가 되겠다. 이처럼 식물의 줄기감기 말고 사람도 오른손잡이와 왼손잡이가 있으니, 전체적으로 오른손잡이가 90퍼센트 남짓이지만, 왼손잡이의 비율은 남자에게서 더 높게 나타나고 일란성 쌍둥이는 76퍼센트로 훨씬 더 흔하다고 한다. 그렇듯 연체동물의 고둥이나 달팽이도 우권이 대부분이며, 원자(原子)와 분자(分子)도 오른쪽으로 휘말려 있고, 이중 나선 구조(二重螺旋構造)인 핵산(DNA)도 97퍼센트가 오른쪽으로 감는다. 이렇게 세상은 온통 오른손잡이 차지다.

'이런들 저런들', 우리말 '갈등'에 사촌뻘인 두 콩과 식물이 다소곳이 숨어 있었으니, 이들의 생태를 깊이 살펴 환하게 통달하신 선현의 지혜로움과 통철(洞徹)함에 아연 놀랄 뿐이로다.

생명의 이름

우음성유, 사음성독이라

구렁이, *Elaphe schrenckii*

뱀이라 하면 보통 말하는 뱀(蛇, snake 또는 serpent)과 도마뱀을 합쳐 부르며, 자라, 거북 따위와 함께 척추동물의 파충류(爬蟲類, reptile)에 속한다. 한자어 파충류(爬蟲類)의 파(爬)는 벌벌 긴다, 벌레를 잡는다는 의미가 들었으니, 기어 다니면서 벌레를 잡아먹는 특성을 지닌 동물이다. 세계적으로 500속, 3,400여 종이 살고, 우리나라에는 뱀 11종과 도마뱀 5종을 합쳐 16종이 서식하는데 이는 열대 지방의 뱀 수에 비하면 새 발의 피다. 매섭게 추운 겨울과 엄청나게 메마른 여름 기후 탓에 변온 동물(냉혈 동물)인 파충류나 양서류 따위가 턱없이 적다.

뱀이라는 말만 들어도 넌더리 날 정도로 징그럽고 섬뜩하여 등골이 오싹하고 머리숱이 쭈뼛 솟는다. 아마도 긴 몸뚱어리의 꿈틀거림도 그렇지만 약 올리는 듯 날름거리는 두 갈래로 갈라진 혓바닥(forked tongues)

에 투명한 눈까풀로 덮인 붙박이 눈알이 할금할금 흘겨보는 듯해 그러리라. 오죽하고 능청맞고 독살스러운 사람의 눈을 '뱀눈'이라 하겠는가.

주행성 뱀은 눈동자(瞳孔)가 동그랗지만 일부 야행성의 것은 고양이처럼 꺼림칙하게도 세로로 갈라지니 이런 눈을 수직 눈동자(vertical pupil)라 한다. 한편 염소나 사슴, 말처럼 엉큼하게 보이는 가로로 짜개진 것은 수평 눈동자(horizontal pupil)라 한다. 전자는 가까운 곳을 빨리 감지하는 공간 해상도가 높고, 후자는 은근히 먼 곳을 볼 수 있는 거리 지각이 높다고 한다. 사람은 가깝고 먼 것은 물론이고 온 사방팔방을 다 보는 둥근 눈동자(round pupil)다.

뱀은 양서류, 조류, 포유류와 함께 네다리동물(사지동물(四肢動物)이라고도 한다지.)에 속하지만 유독 이들만 다리는 퇴화되어 버렸고, 몸속에 뒷다리뼈의 흔적이 남아 있다. 믿거나 말거나, 바위 틈새나 논두렁의 땅굴 안에 숨어 있는 쥐나 개구리를 잡으려면 네 다리가 거치적거렸기에 겉으로 튀어나온 다리가 없어지고 말았다는 것. 그런데 알다시피 쓸데없는 군일을 하여 되레 잘못되게 할 때를 '화사첨족(畵蛇添足)', 줄여서 '사족(蛇足)'이라 한다. 뱀을 그리면서 실물에 없는 네 다리를 그려 넣었으니 웃을 일이지.

놈들은 희한하게 두 갈래로 짜개진 가시가 난 '반음경(半陰莖, forked hemipenes)'을 가지고 있다. 서둘러 때 이른 초봄에, 월동 중인 굴 안에서 갑자기 복작복작 득시글대는 것이 온통 난리법석이다. 겨우내 못 먹어 비쩍 말라 버린 주제에도 놈들은 들떠 몸뚱이를 서로 똘똘 감고 있다.

생명의 이름

제가끔 애오라지 짝꿍을 얼른 흥분시키겠다고 딥다 서로 부비고 문지르며 깨물기까지 한다. 그런데 음경이 하나라면 껴안고 떠받치는 팔다리가 없으니 삽입된 그것이 빠져 버릴 터인데, 반음경의 양끝이 옆으로 바짝 휘어져 찰가닥 착 고정한다니 적이나 놀랍고 참으로 신통한 일이로고!

"뱀 본 새 짖어 대듯" 한다고, 실제로 참새나 까치가 악착같이 쩍쩍거리는 곳에는 언제나 스르르 기고 있는 뱀을 보게 된다. 헌데, 대부분은 햇볕 잘 드는 옴팍한 곳에 알을 모아 낳아 뜨거운 햇살에 절로 부화하니 거의가 그렇게 내팽개쳐 둔다.

음흉한 짓을 비유하여 "능구렁이가 되었다."고 하던가. 특히 구렁이 (Elaphe schrenckii)는 마른 풀덤불이나 두엄에 알을 낳으니 거기서 나는 열을 받아 깨게 된다. 그런데 살모사 무리는 초여름에 보통 서너 마리의 새끼를 낳으니, 훨씬 생존에 유리하게 알이 암놈 몸 안에서 부화한 뒤 새끼로 나오는 난태생(卵胎生)을 한다. 헌데 어미를 죽이는 뱀, '살모사(殺母蛇)'라는 말은? 다른 뱀들은 알을 낳는 데 비해 살모사는 새끼를 낳는 것을 보고, '아마도 어미를 죽이면서 저렇게 뱃바닥을 뚫고 나오겠지.'라고 여겼던 모양이나 말도 안 되는 소리, 살모사 새끼도 결코 어미를 죽이지 않는다.

느려 터진 뱀은 긴 몸을 추슬러 똬리를 틀고 노려보고 있다가 사람이 가까이 나타나면 갑자기 휘익 황망(慌忙)히 내뺀다. 귀는 멀어도 몸이 땅에 붙어 있어 밑바닥 진동으로 느낀다는 뱀! 뱀은 사람을 물고 싶어 하지 않으나 막다른 골목에 놓였을 때 너 죽고 나 죽자 달려들 뿐이다.

독뱀은 머리가 삼각형에 가깝고, 종에 따라 머리 쪽의 독니(fang)에서 흘러나오는 독(venom)에는 신경계를 공격하는 신경 독소(neurotoxin)와 혈관계를 다치게 하는 혈액 독소(hemotoxin)가 있다. 그런데 독뱀은 먹잇감을 물어 죽이지만, 독이 없는 뱀은 통째로 삼키거나 몸으로 칭칭 감아 질식시켜 죽인다.

종에 따라 몸길이가 제일 짧은 것은 10센티미터이고, 긴 것은 무려 8.7미터에 달하며, 몸이 길쭉하게 바뀌느라 척추(등뼈)가 200~400개나 되고, 몸통(내장)은 아주 좁아 한쪽 허파가 아주 작거나 숫제 없다. 그래서 성격이 무척 곧은 사람을 비유하여 "곧기는 뱀의 창자다."라고 한다.

몸은 비늘로 둘러싸여 있고, 특히 배비늘(복린(腹鱗)이라는 한자말도 있다.)을 바짝 곧추세운 채 움직여서 앞으로 내닫을뿐더러 뒤로 미끄러지는 것을 막으며, 꾸불꾸불 움직이는 뱀 운동을 사행(蛇行)이라 한다. 돌 담 벼락에 반쯤 들어간 뱀 꼬리를 움켜쥐고 제아무리 세게 당겨도 배 비늘이 걸려 있어 반 토막이 났으면 났지 끌려 나오지 않는다.

실은 뱀은 눈은 청맹과니나 다름없고, 귀머거리에 코도 형편없다. 하여 눈, 귀, 코의 몫을 날름거리는 두 가닥으로 짜개진 혓바닥이 도맡아 한다. 혓바닥을 한껏 내밀어 공기 중의 습도나 냄새 분자를 묻히고 입천장의 야콥손 기관(Jacobson's organ)에 집어넣어 감각을 느낀다. 또 눈과 코 사이에 있는 열 감지 기관인 '피트 기관(pit organ)'은 섭씨 0.003도까지도 구별한다 하며 새나 쥐 같은 온혈 동물을 찾는 데 쓴다. 말해서 열(적외선) 탐지기다.

뱀은 담배 냄새를 싫어하니 여름 야영장이나 텐트 둘레에 담뱃가루를 흩뿌려 두면 얼씬도 못 한다. '침 먹은 지네', '담배 댓진 먹은 뱀', '낚시 바늘에 걸린 물고기', '푸줏간의 소' 꼴은 죄다 죽을 처지에 놓인 신세들을 일컫는다.

뱀은 허물을 여러 번 벗으면서 자라며, 머리부터 벗겨져 나가기에 언뜻 보아 스타킹을 뒤집어 놓은 꼴의 허물을 남긴다. 그런데 드물게 4000만~5000만 원을 호가한다는 이른바 흰 구렁이 백화사(白花蛇)가 생겨나는데, 역시 돌연변이로 멜라닌(melanin) 색소를 만드는 유전 인자가 없어져 그런 것이고, 본바탕은 쉬 바뀌지 않으니 백사는 허물을 벗어도 백사다.

요컨대 같은 물도 소가 마시면 젖을 만들고 뱀이 먹으면 독이 된다고 하지 않는가. ('우음성유, 사음성독(牛飮成乳, 蛇飮成毒)'이라는 사자성어도 기억해 두시라.) 그런데 이승에서 못된 짓 많이 하면 뱀이 되어 되태어난다고 하더라. 아이 무서워라! 선생복종(善生福終)이라, 착하게 살아 복 되게 죽자꾸나.

4부

전설 바다에 춤추는 밤물결

꽃게 하면 해병대다!

꽃게, *Neptunus trituberculatus*

꽃게 하면 해병대다! 꽃게가 서해 5도 근방에 많이 나며 거기를 우리 해병대가 지키지 않는가. 꽃게(blue crab, *Neptunus trituberculatus*)는 절지동물의 갑각류(甲殼類), 꽃겟과에 들며, 머리와 가슴부가 합쳐진 두흉부(頭胸部)와 그 아래에 찰싹 붙어 있는 납작한 배딱지(꽁지)인 복부(腹部)로 되어 있다. 흔히 아주 작거나 볼품없는 것을 "게꽁지만 하다."고 한다. 또한 게는 창자가 퇴화하였기에 '무장공자(無腸公子)'라고 부르며, 새우나 가재처럼 몸이 딱딱한 외골격 껍데기(殼)인 등딱지(甲)로 덮여 있어 '갑각류(甲殼類)'라 한다. 헌데, 우리 집에도 갑각류가 있다면?

아내가 척추관 협착증 수술을 받고 나의 극진한 수발 덕에(?) 교과서대로 회복할 때의 일이다. 등뼈를 떠받치려 배·가슴에 야문 플라스틱 척추 보호대인 '갑옷'을 두르고 있으니, 우스갯소리로 '게'라 불렀다. 게

나 가재는 그런 끔찍한 대수술 안 해 좋겠다!

한국에는 어림잡아 180여 종의 게가 분포하며, 바다 말고도 일부 강이나 땅에서도 서식하고, 엉뚱스레 조개 안에서도 사니(조갯국에서 가끔 보인다.) 이를 '속살이게(pea crab)'라 부른다. 게는 한자로 해(蟹)라 하고, 영어로 'flower crab'이라고 부르니, 따라서 '꽃게'로 부르게 된 듯하다.

꽃게 암컷은 어두운 갈색 바탕에 등딱지 뒤쪽에 흰 무늬가 있고, 수컷은 초록빛을 띤 짙은 갈색이다. 크기는 암수 대차 없고, 껍데기는 길이 약 8.5센티미터, 너비 17.5센티미터쯤이고, 작은 눈에다 이마에 세 개의 톱날과 같은 돌기가 나고, 갑각은 마름모꼴로 모서리에 아홉 개의 톱니돌기가 돋는데 끝에 난 것이 제일 날카롭다. 갑각류는 죄다 두 쌍의 더듬이(촉각)가 있고, 다리가 다섯 쌍인데 가장 앞쪽의 집게다리(협각(鋏脚)이라고도 하더라.) 한 쌍은 크고 억세어 공격, 방어, 먹이 잡기에 쓰며, 나머지 세 쌍의 다리는 걸을 때 쓴다. 가장 뒤쪽의 한 쌍은 끝이 노(櫓) 꼴로 넙적하고 판판하여 헤엄치기에 알맞다. 야행성이며 육식 동물로 모래나 진흙을 눈과 더듬이만 남겨 놓고 쏘옥 파고 숨었다가 먹잇감(주로 잔물고기)이 다가오면 잽싸게 '가위!' 다리로 잡아먹는다.

꽃게는 봄에는 암컷이, 가을에는 수컷이 제철이다. 봄에는 90퍼센트는 암게가, 가을에는 대부분 수게만 그물에 걸린다는 말이다. 왜? 이들은 가을에 짝짓기하고 깊은 바다에서 월동하며, 이듬해 3월 하순경부터 암게들은 앞서거니 뒤서거니 산란하러 연안으로 찾아든다. 이미 지난해 짝짓기를 한지라 봄철에는 알이 꽉 찬 암게들이 잡힌다.

생명의 이름

모름지기 구각(舊殼)을 벗어 깨뜨려야 창조, 변화, 성장을 이룬다! 꽃게 암컷들은 월동 전 가을에 허물을 벗기에(수게는 여름에 탈피한다.) 하나같이 껍질이 물러 터져 자칫 잡아먹히기 일쑤다. 따라서 시종일관 바다 바닥에 가만히 머물면서 짝짓기만 할 뿐이고, 수놈들만 암컷 꿰차겠다고 거리낌 없이 쏘다니기에 가을철엔 수게들이 많이 걸려든다.

6~8월 산란기에는 금어기로 정하여 보호한다. 암컷 한 마리가 2만 개가 넘는 알을 낳으며, 알은 부화하여 1주일 사이에 유생(幼生)인 조에아(zoea) I 단계에서 IV 단계까지 빠르게 변태하고, 4~6일 뒤에 마지막 탈바꿈인 메갈로파(megalopa) 시기를 거쳐 성체가 된다.

맛은 6월 암게를 최고로 치며, 알배기는 맛난 꽃게 장을 담고, 수놈은 찜하여 살을 발라먹으며, 바특하게 우려낸 시원한 꽃게탕도 끓인다. 갑각류의 껍데기에는 아스타크산틴(astaxanthin) 색소와 단백질이 결합하여 각가지 색을 내는데 열 받으면 결합이 끊어지면서 새빨갛게 바뀐다.

신혼 초, 알 밴 암게 좀 삶아 먹자고 졸랐다. 산 게 몇 마리를 사 왔는데 이게 웬일인가? 온통 수게 천지다. 암수를 구분하지 못한 탓이다. 당장 도감과 비교하여 이것저것을 일일이 설명한다. 모름지기 아는 것이 힘! 게는 암수가 이형성(二形性, dimorphism)으로 몸을 뒤집어 보아 꽁지(복부)가 넓적하고 둥그스름한 것이 암놈이고, 작은 삼각형으로 좁고 길쭉한 것이 수놈이다. 암컷 배에는 털이 나 있어 수정란을 알알이 그러모아 미어터지도록 달라 붙여 새끼가 될 때까지 어미가 달고 다닌다.

수틀리면 "게 새끼는 꼬집고 고양이 새끼는 할퀸다."고 하듯 유전적인 본능은 속일 수 없다. 그래서 혼사에 집안 내력(그러니까 유전자, DNA를 말한다.)을 신중히 따지는 것이요, 짝을 잘못 만나면 '게도 구럭도 다 잃는' 일이 생기니 신경 쓰지 않을 수 없다.

게는 다리 관절이 옆으로 기기 편하게 되어 있어, 짓궂게도 '횡행개사(橫行介士)'라 부르니 여기서 '개(介)'는 '갑(甲)'처럼 딱딱하다는 뜻이다. 하지만 가재처럼 뒷걸음질하는 종도 더러 있다. 어미 게가 자식 게에게 "옆으로 기지 말고 앞으로 똑바로 걸어라."고 닦달하였고, 혀짜래기 아비가 "나는 '바담 풍(風)' 해도 너는 '바람 풍' 하라."고 타이른다. 자식 잘 되기 바라는 부모의 마음은 너 나 할 것 없이 한결같은 것. 옛날에는 임신하면 게를 좀처럼 먹지 않았으니 자식이 게걸음질을 할 것이라 여긴 탓이며, 과거 시험 보러 갈 때도 극히 꺼렸으니 잰걸음으로 달려가도 붙을까 말까 한 급제인데 더군다나 엇길을 가서 어쩔 텐가.

여느 동물이나 다 제 살 궁리를 한다. 바닷가에 사는 게는 굴을 파는 습성이 있어 "게도 구멍을 둘 판다."고 하니, 한쪽에서 천적이 공격해 오면 다른 쪽으로 도망가겠다는 심보다. 그리고 암(癌)의 영어 단어 'cancer'의 어원이 'crab'에 있어, 게가 옮겨 다니면서 굴을 파듯 고약한 암세포도 한자리에 머물지 않고 옆 조직으로 파고드니 전이(轉移)다.

딱딱한 게 껍데기는 큐티클(cuticle)이란 물질이며, 이것을 약물 처리하여 녹여 낸 것이 키토산이다. 살 주고, 알 주고, 약까지 주는 고맙기 그지없는 게다. 게는 옆으로 가도 제 갈 데는 다 찾아 간다지. 또 큰따옴표(" ")를 '게발톱표'라고도 부른다니 참 멋진 비유가 아닌가!

생명의 이름

다리야 날 살려라

돌기해삼, *Apostichopus japonicus*

부엌에서 이내 과학을 만난다. 요리(음식)는 예술이요, 과학이니까. 그날도 아내가 게장을 담글 거라고 살아 있는 꽃게를 사 와서 쇠 솔로 거칠게 싹싹 문질러 씻은 다음 널찍한 도마(자른다는 뜻이 들어 있다.)에 올려놓고, 게 발톱 하나를 탁 내리쳤다. 저런, 생뚱맞게도 칼이 닿지 않은 성한 다리들도 둘째 마디와 셋째 마디 사이 관절이 죄다 와르르, 좌르르 툭툭 잘리는 게 아닌가. (둘째 마디와 셋째 마디는 각각 기절(基節)과 좌절(坐節)이라고도 한다.) 맙소사. 정말이지 순간 괴기(怪奇)함에 진저리 쳤고, 망연자실하였다.

그렇다. 포식자에 잡아먹히게 생겼다 싶으면 서슴없이 명운을 걸고 멀쩡한 꼬리나 다리를 스스로 끊기(autotomy, 자절(自切)이라고도 한다.)를 하니 본능적인 자해 행위(自害行爲)로 일종의 생존 수단인 것. 이렇게 대아(大

我)를 위해 소아(小我)를 희생하지만 그 자리엔 금세 거뜬히 새살이 돋으니 재생(再生, regeneration)이다.

예를 몇 가지 더 보자. 바닷가 횟집에 가더라도 함지박 속의 해삼(海蔘)을 만지지 말 것이다. 자극을 받은 해삼은 내장 일부(호흡수, 맹장 등)를 왕창 항문으로 쏟아 버린다. 속 다 빼 주고도 살아남는다니 모질고 끈질기다.

또 산골짝 계류(溪流)나 실개천에서 가재를 잡다 보면 종종 집게 다리 하나가 작은 놈이 있다. 저놈 다리 떼어 주고 술 사 먹었다고 놀리는데, 힘센 놈에게 된통 걸려 다리 잘라 주고 삼십육계 줄행랑을 놨던 것이다.

그리고 도마뱀은 포식자에게 잡히거나 물리면 잽싸게 꼬리를 좌우로 절레절레 흔들어 일부를 떨고 도망치니 척수 반사에 의한 일종의 도피 반사이다. 이것은 꼬리뼈 몇 군데에 미리 형성된 특정한 탈리절(脫離節)의 탈골이며, 동시에 꼬리 괄약근을 수축하여 탈골 자리의 동맥을 꽉 눌러 출혈을 최대한 줄인다. 헌데 그냥 몸통을 잡고만 있어도 꼬리 중간에 피가 밴다.

팔딱팔딱 뛰거나 꿈틀거리는 꼬리를 본 목숨앗이가 놀라 무르춤하거나 정신이 팔려 허둥대는 사이에, "옜다, 그거나 먹어라." 하고 허겁지겁 내뺀다. 하지만 어쩌랴. 몽땅 통째로 먹히는 것보다 낫지 않은가. 비단 앞서 이야기한 게, 해삼, 가재, 도마뱀 말고도 민달팽이, 문어, 거미불가사리, 메뚜기, 거미 등등 200여 종의 무척추동물들이 이런 생존 전

생명의 이름

술을 쓴다.

　사람 몸에서도 매일매일 꼬박 500억~700억 개의 세포가 죽고 더불어 태어나서 정상 세포를 새롭게 나게 하거나 이상 세포를 없앤다. 이런 '세포 자살(apoptosis)'도 크게 보아 자절로 친다. 하여 여러 동물들의 자절과 재생 원리를 의학에 응용하겠다고 학자들은 밤낮없이 무진 애를 쓰고 있다 한다.

왜 고등어 두 마리를 한 손이라 부를까?

고등어, *Scomber japonicus*

고등어(chub mackerel, *Scomber japonicus*)는 농어목, 고등엇과에 속하는 해산 경골어류로 몸은 전형적인 유선형으로 사뭇 좌우(옆)로 눌려서 편측(側偏)되어 있고 횡단면(토막)은 타원형이다. 어뢰(魚雷)를 닮았다고나 할까. 아니다, 어뢰가 고등어를 본뜬 것이며, 푸른(碧) 무늬(紋)가 몸에 있다 하여 벽문어(碧紋魚)라고도 한다.

배는 맑은 은백색이고 등은 검푸른 초록색 바탕이며, 등짝에서 지그재그로 물결무늬 30여 개가 몸통 가운데의 옆줄(측선(側線)이라는 한자어도 있다.)까지 뻗어 있다. 노르웨이 등지에 사는 대서양고등어는 그 무늬가 아주 길고 크며 뚜렷하다. 이들은 온통 군집 생활을 하기에 몸 무늬는 무리에서 서로 알아보는 표지(標識, schooling mark)가 되어 끼리끼리 부딪치지 않는 데 도움을 준다고 한다. 야! 묘한지고!

힘 약한 동물들은 무리를 짓는데, 이는 보는 눈이 많아 천적을 쉽게 발견할 수 있을뿐더러 암수가 늘 가까이 있어 짝을 찾는 데 드는 에너지도 줄인다. 일본은 오래전부터 그랬고, 우리도 최근부터 고등어를 가두리에서 키워 잡는다고 한다.

고등어는 비늘이 아주 작고, 이빨이 발달하였으며, 큰 눈은 투명한 '기름눈꺼풀(adipose eyelid)'이 덮으며 동공 부위가 꽤 노출되어 있다. 두 개의 등지느러미는 서로 멀리 떨어져 있으며, 앞의 1번 등지느러미가 더 높고 크다. 작은 두 개의 가슴지느러미는 몸의 중앙에 있으며, 뒷지느러미는 2번 등지느러미와 대칭을 이룬다. 무엇보다 등지느러미와 뒷지느러미의 위아래에 각각 다섯 개씩 있으나 마나 한, 오므리거나 펼 수 없는 꼬마 작은지느러미(finlet)가 도드라져 있으며, 꼬리지느러미는 잘 발달하여 두 갈래로 갈라진 가랑이형(fork type)이다. 다랑어처럼 꼬리자루는 매우 잘록하고, 강한 근육으로 꼬리를 좌우로 세게 움직여 초속 0.92미터로 빠르게 헤엄친다.

거참!? 물고기는 모두 변온 동물이지만 특이하게도 고등어 무리 중에는 높은 체온을 유지하는 정온인 것도 있다 한다.

고등어는 세계적으로 20여 종이 있고, 우리나라에는 고등어, 망치고등어(*Scomber australasicus*) 두 종이 있다. 아열대 및 온대 해역에 분포하면서 보통 낮에는 바다 밑바닥에 머물다가 밤에는 위로 올라가 섭식한다. 주요 먹이는 곤쟁이 등 부유하는 갑각류와 멸치 같은 작은 물고기들이며, 목숨앗이(천적)는 고래, 돌고래, 상어, 다랑어, 청새치 따위다.

우리나라 고등어 산란장은 서해 해역과 제주도 동부 해역이다. 두 살이 되어 30센티미터쯤 훌쩍 자라면 총 30만~150만 개의 알(지름이 약 1밀리미터다.)을 낳으니 수심 50미터 근방에서 암컷들과 수컷들이 동시에 방란(放卵), 방정(放精)하여 수정한다. 이들은 계절 회유(seasonal migration)를 하는데 2~3월경에 제주 성산포 근해로 몰려와 북상 회유(北上回遊)한다. 그중 한 무리는 동해로, 다른 한 무리는 서해로 올라갔다가 9월과 1월 사이에 다시 남으로 내려온다. 보통은 50~60미터 수심에 살지만 봄과 여름에는 바다 얕은 곳으로, 가을과 겨울에는 350미터 이하로 내려가 활동치 않고 쥐 죽은 듯 조용히 머문다. 겨울나기다.

요새 와서는 물고기 잡는 기술도 늘어 멀리는 비행기로 고기 떼를 찾고, 가까이는 음파 탐지기(sonar)를 동원하여 잡는다. 고등어는 한때는 하도 흔해서 '바다의 보리'라고 불렸다. 그러나 '등 푸른 생선'의 대표 격인 이 물고기에는 불포화 지방산인 오메가-3 지방산(omega-3 fatty acid, EPA, DHA)이 아주 많다 하여, 작금엔 인기가 천정부지로 치솟아 '금등어'가 되었다 한다.

육질이 연하고 부패하기 쉬워 "고등어는 살아 있으면서 썩는다."라는 말이 생겼다. 가을이 제철로 맛이 으뜸이며, 유달리 살피듬이 좋아 회를 떠서 먹기도 하지만 잘 상하고 비린내가 심한 편이라 통조림하고, 얼른 배를 갈라 내장을 빼고, 소금에 절여 말린다. 꺼들꺼들 말린 자반을 노릇하게 바짝 굽거나 맵짜게 조림하니, 단연 '안동 간고등어(자반 고등어)'가 유명하며, 밑간과 속간 잘 맞추느라 내로라하는 '간잡이'가 등장할 정도이다.

나는 이만저만 비위(脾胃)가 약한지라 비린내를 질색한다. 아마도 가랑이 찢어지게 가난하였던 지리산 자락 시골 촌놈이 소싯적에 비쩍 마른, 무거리 간 고기 말고는 비린 것을 먹어 보지 못한 탓일 듯하다! 그래서 어릴 때 이것저것 골고루 먹여 여러 가지를 각인(刻印)시켜 놓아야 나중에 음식을 가리거나 까탈 부리지 않게 되는 법. 음식 트집 부리는 사람치고 성질머리 좋은 사람 없다 하지 않는가.

그럼 생선이 비린 이유는 뭘까? (CH$_3$)$_3$NO라는 분자식을 가진 트리메틸아민옥사이드(trimethylamine N-oxide, TMAO)는 바닷물고기의 체내 염도(삼투압) 조절에 사용되는 대사산물인데, 싱싱할 적엔 아무런 냄새가 나지 않지만, 물고기가 죽으면 체내 세균과 효소가 TMAO를 트리메틸아민(trimethylamine, TMA)으로 변환시키니 이것이 생선 비린내의 정범(正犯)이다. 더 시간이 지나면 TMA가 효소와 반응하여 디메틸아민(dimethylamine, DMA)으로 바뀌니 이것이 암모니아(NH$_3$) 냄새를 낸다. 일례로 푹 삭인 홍어가 코를 톡 쏘니 바로 바로 곧 암모니아다. 그러나 레몬 즙이나 식초 등 산성 성분이 TMA와 DMA의 냄새를 죽인다.

그런데 왜 고등어 두 마리를 한 손이라 부를까? 한 뭇이 열 마리인 것은 알 만한데 말이지.

생침 도는 꽁치

꽁치, *Cololabis saira*

싱싱하고 토실토실한 생 꽁치에 왕소금을 슬슬 뿌려 석쇠에 구우면 기름이 자글거리면서 내는 고소한 냄새가 일품이다. 하지만 나는 꽁치 통조림을 좋아한다. 비린내가 나지 않고 꽁치구이 때 나는 내장의 씁쓰레한 맛도 없으며, 무엇보다 뼈째 먹을 수 있어서이다. 깡통 뚜껑을 따고 빽빽하게 쟁여져 있는 놈들을 통째로 쏙쏙 뽑아 먹기도 하지만, 그보다는 뚝배기에다 시래기를 푸짐하게 깔고 거기에 통조림 꽁치를 듬뿍 얹어 푹 조린 시래기찌개를 가장 좋아한다. 짭짤하게 간을 좀 세게 하고 매매 자글자글 끓이니 지금도 마구 타액이 한입이다. 언제나 출출하고 몸에 모자라는 영양분이 입에 당기고, 단박에 군침이 돋는 법.

꽁치(*Cololabis saira*)는 동갈치목, 꽁칫과에 속하는 난류성 어종으로, 고등어와 더불어 '등 푸른 생선'의 한 종류로 소위 말해서 오메가-3가 듬

생명의 이름

뿍 든 생선이라지. 꽁치는 영양이 듬뿍 들고 값도 싼 편이라 우리가 많이 먹는 것은 물론이려니와 특히나 일본 사람들은 둘째가라면 서러워한다.

꽁치라는 이름의 기원은 정약용의 『아언각비(雅言覺非)』에 있다고 한다. 꽁치는 아가미 근처에 침(針)을 놓은 듯 작은 구멍이 있어, 구멍을 뜻하는 한자 공(孔)에 물고기를 뜻하는 접미사 '-치'를 붙여 '공치'가 되었는데, 그것이 된소리로 변해 '꽁치'가 되었다는 것이다. 한자어로 '공어(貢魚)', '공치어(貢侈魚)'라고도 부른다. 가을철에 기름기가 늘고 몸집이 칼 모양으로 길쭉하기에 '추도어(秋刀魚, 일본이나 중국에서도 이렇게 부른다.)'라하고, 또 밝은 불을 쫓는 성질이 있어 '추광어(秋光魚)'라고 불린다. 학명 *Cololabis saira*의 속명인 *Cololabis*의 'kolos'는 '짧은', 'labia'는 '입술'이라는 뜻이며, 종명인 *saira*는 일본의 기이 반도(紀伊半島, Kii peninsula) 말로 '칼'이라는 의미라 한다. 또 추광어라 부르는 것은 꽁치가 빛에 모이는 주광성(走光性)이 있어서인데, 오징어처럼 센 빛을 켜 놓아 불빛에 모여들면 그물로 송두리째 잡는다. 한국, 일본에서부터 알래스카에 이르는 북태평양에 서식하기에 '태평양꽁치(pacific saury)'라 부른다.

꽁치의 몸길이는 36~41센티미터로 등은 짙은 청록색이고, 배는 은백색을 띠며, 선명한 푸른색의 무늬가 퍼져 있다. 몸통은 기다랗게 가늘고, 주둥이는 짧고 새부리처럼 뾰족하며, 아래턱이 위턱보다 조금 앞으로 튀어나왔다. 꼬리지느러미와 등지느러미 사이에 작은 지느러미(finlet)가 있고, 꼬리는 갈라졌다. 몸 옆으로 옆줄(측선(側線)이라는 한자어도 쓰인다.)이 지나가는데 몸의 중심에서 조금 아래쪽으로 처져 있다. 수면 근방에 살면서 포식동물에게 쫓길 때는 화들짝 날치(flying fish)처럼 바다위를 날아올라 길길이 날뛴다. 꽁치는 보통 근해에서 무리지어 생활하며, 계절에 따라 이동하는 습성이 있어서, 겨울에는 일본 남부 해역에서 꼼짝 않고 겨울나기를 하다가 봄여름 사이에 북쪽으로 이동한다. 5~8월에 우리나라 동해안에 당도하여 산란하니, 지름 2밀리미터인 알을 가느다란 부착사(附着絲, filament)로 해조류나 부유물에 다닥다닥 붙인다.

어린물고기(치어(稚魚)라는 한자어도 많이 쓴다.)는 동물성 플랑크톤이나 어린 갑각류, 다른 물고기의 알과 새끼를 잡아먹는데, 육식을 하기에 위(胃)가 없고, 창자도 쪽 바른 것이 매우 짧다. 수명은 최대 2년 정도이다. 꽁치의 천적은 누가 뭐래도 첫째가 사람으로, 주로 한국과 중국, 대만, 일본, 러시아 어부들이 잡으며, 바다 포유류나 오징어(squid), 다랑어(tuna) 등이 자연 천적이다. 어부들은 그물을 수면에 수직으로 펼쳐서 조류(潮流)를 따라 흘려보내면서 물고기가 그물코에 꽂히게 하여 잡는 흘림걸그물(유자망(流刺網)이라는 말도 있다.)이나 불빛을 쫓는 어군(魚群)을 유인하여 봉수망(捧受網)으로 잡는다. 그런데 동해안에서는 바다에 뜬 해초 따위에 알을 붙이는 산란 습성을 이용하여, 모자반 등의 해초를 바닷물에 살포시 늘어뜨리고 어루꾄다. 해초에 알 낳으러 바글바글 기를 쓰고 몰려드는 꽁치를 슬그머니 맨손으로 잡으니 이를 일명 '손꽁치'라 한다.

가을 꽁치는 싱싱한 것은 회로 먹고, 구이나 조림으로도 손꼽히는 가을 식품으로 혈관을 튼튼히 하고 심장병을 예방한다는 불포화지방산(unsaturated fatty acid), 즉 오메가-3 지방산인 EPA(eicosapentaenoic acid)나 DHA(docosa hexaenoic acid)가 듬뿍 들었다. 그러나 맛있고 건강에 좋은 이 꽁치를 서양에서는 낚시 미끼, 애완동물이나 물고기 사료로 쓴다. 그 사람들은 비위가 약해(우리 시골에서는 '입이 갖다.'고 했다.) 조금만 비려도 꺼려 먹지 않는다.

1월은 한창 과메기 철이다. 기온이 영하로 내려가는 11월 중순부터 날씨가 풀리는 설 전후까지 꽁치를 덕장 그늘에서 얼렸다 녹였다 되풀이하며 바닷바람에 꾸덕꾸덕 말린다. 헌데 유례없이 요즘 청어(靑魚)가 죄 사라지다 보니 이제는 청어 대신에 꽁치를 말려 관목으로 쓰기 시작하였다고 한다. 청어를 잡은 뒤 나란히 놓이도록 눈(目)을 꿰어(貫) 말린다고 '관목(貫目)'이라고 하였는데, 그것이 포항 말로 '과메기'가 되었다고 한다. 그리고 청어를 '비웃'이라 하니, "비웃 두름 엮듯"이라는 말은 한 줄에 잇대어 달아서 묶은 모양을 비유적으로 이르는 말이다.

구릿빛이 돌면서 기름기가 반질반질한, 청어과메기에 손색없는, 푸진 꽁치과메기 한 점을 생미역에 올리고, 실파와 초고추장을 곁들여 싸쥐고는 입이 찢어지게 한 입 틀어넣어 아귀아귀 씹는다. 물론 소주 한 잔 걸치는 것은 당연지사로, 글을 쓰는데도 어이 이리도 생침이 도는 것일까. 그런데 꽁치와 생김새나 이름이 퍽이나 엇비슷한 학꽁치(Hemirhamphus sajori)가 있다. 학꽁치는 꽁치와는 전연 다른 학꽁칫과에 속하며, 바닷물과 민물이 섞이는 염분이 적은 물인 기수역(汽水域)을 오가며 서식하는 어종이다. 꽁치처럼 몸은 가늘고 길며, 약간 옆으로 납작하고, 아래턱이 학(鶴)의 부리처럼 된통 가늘고 길게 앞으로 쑥 튀어나와 있는 것이 특이하다. 역시 몸빛은 등 쪽은 청록색이고, 배 쪽은 은백색이며, 아래턱 끝은 약간 붉다. 몸길이는 40센티미터에 달하고, 횟감으로 최고 윗길로 치니 살 빛깔이 희고 맛이 담백하며 향기가 난다. 일본 홋카이도와 타이완 연해, 동중국해에 분포하며, 우리나라에는 남해안에 많다.

그렇지만 정작 학꽁치는 꽁치와는 관련이 적은 것이, 오히려 날치(Cypselurus agoo)와 더 가까운 종으로 본다. 이들도 꽁치처럼 연안과 내만의 수면을 무리지어 다니면서 가끔 수면 위로 가뿐히 팔짝 뛰어오르는 습성이 있다. 겉보기는 쏙 빼닮았으나 속내는 아주 딴판인 꽁치와 학꽁치다.

간, 살코기, 껍질까지 주는 상어야,
너 참 고맙다!

백상아리, *Carcharodon carcharias*

강은 분명 물고기들의 집이요 고향이다. 그런데 물고기가 사는 물을 사람들은 목을 축이거나 몸을 씻는 것으로, 신은 은총의 감로수로, 아수라는 무기로, 아귀는 고름이나 썩은 피로, 지옥인은 끓어오르는 용암으로 본단다. 아련한 기억으로 쓴 물의 의미다. 어느새 그 총명(?)하던 내 기억력도 망각의 벌레가 다 파먹어 버려서 안경을 들고 안경을 찾는다. 철딱서니 없기론 예나 지금이나 크게 다르지 않은데 잔인한 세월이란 지우개가 기억을 통째로 말끔히 지워 버려 기억의 창고가 텅 비었으니 얼추 허섭스레기가 되고 말았다. 지질한 노인 말이다. 희비가 갈마드는 인생을 되살아 볼 순 없는 것일까?

각설하고, 물고기는 뼈가 딱딱한 경골어류(硬骨魚類)와 물렁물렁한 연골어류(軟骨魚類)로 나뉘며, 그중 거의가 경골이고 일부만 연골어류이다. (민물에 사는 어류는 죄다 경골어류이다.) 물렁뼈 물고기에는 상어, 홍어, 가오리 무리들이 속하고, 이들은 하나같이 아가미를 덮는 아가미뚜껑(새개(鰓蓋)라는 한자어도 기억하시라.)이 없어 아가미가 겉으로 휑 드러나 맨눈으로도 보인다.

경골어류는 아가미뚜껑을 여닫아 물이 아가미 새를 세차게 흐르게 하지만, 연골어류는 그 뚜껑이 없는지라 입에 단내 날 정도로 숨 가쁘게 기를 쓰고 휘젓고 다니며 물이 아가미를 스치게 한다.

상어엔 까치상어와 같이 50센티미터 정도의 아주 작은 것부터 고래상어처럼 18미터나 되는 대형의 것까지 있다. 먼바다에 널리 분포하며 세계적으로는 470여 종이 알려져 있고, 한국 연해·근해에도 큰 것, 작은 놈 등 40여 종이 있다 한다. 그중 귀상어, 청상아리, 청새리상어, 백상아리, 뱀상어 같은 끔찍하고 흉포한 놈들은 물불 가리지 않고 사람을 습격하기도 하며, 어류나 오징어, 문어 같은 연체동물이나 새우, 게 같은 갑각류 등을 잡아먹는다.

상어 이빨은 턱뼈가 아닌 잇몸에 박혀 있으면서 평생 이를 간다. 곧 여러 겹의 이틀이 있어서 앞의 것이 닳으면 뒤의 것이 앞으로 밀고나가 그 자리를 채운다고 한다. 때문에 오래 산 상어는 평생 3만 개의 이빨을 갈아치운다고 한다. 내가 상어라면 비싼 돈 주고 치아를 심지 않아도 되었을 터인데…….

그리고 서식지는 심해에서 천해에 이르고, 먹성이 매우 좋아 닥치는 대로 잡아먹는 육식성이라 창자가 매우 짧으며, 딱히 소화가 안 되는 것은 위에서 입으로 단방 토해 버린다. 체형은 방추형에 등은 회색 내지 암청색이며, 배는 흰 편이고, 물고기 중에서 후각이 가장 잘 발달하였다. 몸은 거친 방패비늘(순린(楯鱗)이라는 한자어도 기억하시라.)로 덮여 있어 만지면 꺼끌꺼끌하고, 눈꺼풀에는 순막(瞬膜, 각막 앞을 가로질러 안구 전면을 덮는 투명하고 얇은 막)이 발달하였다.

보통 물고기는 물에다 암놈이 알을 낳고 거기다 수컷이 정자를 뿌려 버리는 체외 수정을 하지만 별난 상어는 암수가 짝짓기해 체내 수정을 한다. 수놈은 배지느러미 안쪽에 손가락만 한 한 쌍의 교미기를 가지고 있으니 뱀의 그것과 아주 흡사하고, 홍어도 유사한 음경을 가졌다.

보통 물고기는 알과 치어가 다른 물고기에게 거지반 먹혀 버리기에 알을 되우 많이 낳아야 한다. 하지만 상어는 어미 몸속에서 고스란히 다 커 나오기에(긴 것은 임신 기간이 18~24개월이나 된다.) 아주 큰 편인 알을 낳으니, 1회 산란 수가 겨우 두서너 개에서 수십 개에 지나지 않는다. 수정란이 그대로 발생하는 것을 '난생(卵生)', 수란관에서 부화하고 자신이 가진 난황과 수란관에서 분비하는 점액(양분)을 얻어 하루가 다르게 자라는 것을 '난태생(卵胎生)', 탯줄을 통해 양분을 얻어 자라서 태어나는 것을 '태생(胎生)'이라 한다. 그러므로 상어는 중간 것, 즉 난태생이 주(主)이고 난생, 태생하는 것도 있다 한다.

연골어류는 연골 밀도가 경골의 반이라 체중을 줄이는 데 유리하다. 그리고 날고뛰는 '간 큰 사람'도 상어 간(肝)에는 못 당한다. 녀석들은 내장의 30퍼센트가 간으로 채워졌다니 말이다. 상어는 왜 그렇게 간덩이 크담. 이놈들은 다른 물고기처럼 공기를 넣었다 뺐다 하여 부침을 조절하는 부레가 없고, 대신 기름 덩어리인 큰 간이 있어 물에 잘 뜰 수 있다. 그 큰 간에서 야맹증에 즉효인 간유(肝油)와 신진 대사를 촉진하고 강력한 살균 작용에 성인병 예방에도 좋다는 스콸렌(squalene)뿐만 아니라 심지어 상어 연골에서는 관절 아픈 데 효험 있다는 콘드로이틴(chondroitin)도 얻는다.

상어 하면 상어 지느러미 수프(shark fin soup)를 들지 않을 수 없다. 상어를 잡으면 지느러미만 싹둑싹둑 자르고 몸체는 거들떠보지도 않고 바다에 휙휙 집어 던져 버릴 정도로 알아주는 부위다. 그 지느러미들 중에서도 가장 윗길이 등지느러미고 가슴지느러미는 하품에 든다고 한다. 지느러미에는 콜라겐 단백질이 많이 들었으며 살코기는 백숙, 산적, 찜, 포, 회 등 다양한 요리를 만들어 먹는다. 게다가 껍질은 말려 사포(砂布, sandpaper)처럼 물건을 매끄럽게 문지르는 데 사용한다. 간, 살코기, 껍질까지 주는 상어야, 너 참 고맙다!

영화의 주인공으로 더러 등장하는 상어를 '바닷개(sea dog)', '바다의 폭군', '바다의 포식자'라 부르기도 한다. 이들은 장수 동물로 통상 20~30년을 살지만 족히 100세를 넘기는 것도 있다 한다. 사실 물고기도 늙고 병들어 시름시름 힘 빠지면 죽기도 전에 다른 놈이 쥐도 새도 모르게 달려들어 잡아먹어 버리기에, 사람처럼 치매다 병이다 병치레 하며 근근이 생명을 부지하는 일은 없다. 그런데 상어는 나이를 뼛속에다 묻어 두었다! 등뼈를 세로로 잘라 보면 나무의 나이테 닮은 연륜

생명의 이름

이 있어 그것으로 나이를 짐작할 수 있다.

보통 물고기는 눈알이 움직이지 않으나 이놈들은 안구를 굴리고 또 순막을 열고 닫아 눈방울을 보호한다. 또 상어는 체내 삼투압을 바닷물 삼투압보다 다소 높게 유지하기 위하여 요소와 트리메틸아민옥사이드(trimethylamine N-oxide, TMAO)를 핏속에 다량 넣어 놓고 있다. 이렇게 몸에 세균을 죽이는 요소 성분이 많아 여느 물고기처럼 쉽게 부패하지 않기에 옛날부터 바닷가에서 아주 멀리 떨어진 동네에서도 제사상에 상어 토막을 올릴 수 있었다. 물론 오래 두면 요소가 분해하면서 암모니아를 내기에 몹시 지린내가 난다.

그러나 동해안 바닷가 여염집 제사에는 고래 고기를 제물(祭物)로 쓰는 경우가 많다. 동해안에서 고래가 많이 잡혔기에 가능했던 일이리라. 제사도 환경의 산물인 셈이다. 하여 제례(祭禮)도 지방마다 조금씩 다르다. 모름지기 어버이 살았을 적에 섬기기 다하여라. "살아 탁주 한 잔이 죽어 큰상보다 낫다."고 했다. 상어 한 토막도 살아 계실 때 대접할 것이다.

왜 넙치의 눈은 왼쪽으로 몰릴까

넙치, *Paralichthys olivaceus*

류시화 시인의 「외눈박이 물고기의 사랑」이다. "외눈박이 물고기처럼 살고 싶다 / 외눈박이 물고기처럼 사랑하고 싶다 / 두눈박이 물고기처럼 세상을 살기 위해 / 평생을 두 마리가 함께 붙어 다녔다는 / 외눈박이 물고기 비목처럼 사랑하고 싶다 / …… / 혼자 있으면 그 혼자 있음이 금방 들켜 버리는 / 외눈박이 물고기 비목처럼 목숨을 다해 사랑하고 싶다."

일평생을 두 마리가 함께 붙어 다녀야만 하는 물고기를 닮고 싶다는 영혼이 깃든 애틋한 사랑의 시다! 과연 시인들은 슬픔을 기쁨으로 느껴지게 하는 언어의 마술사요, 예술가임에 틀림없다. 슬픔은 언제나 사랑을 잉태한다고 하였지.

시 속의 외눈박이 '비목'은 당나라 노조린(盧照鄰)의 시에 등장하는 전설의 물고기 '비목어(比目魚)'란다. 외눈이 물고기가 자신처럼 애꾸눈인 짝꿍을 만나 서로 의지하며 살았다는 전설 말이다. 또 중국 전설에 비익조(比翼鳥)와 연리지(連理枝)가 있으니, 이를 합쳐 '비익연리(比翼連理)'라 한다. 비익조는 눈 하나와 날개 하나만 있어서 두 마리가 서로 나란히 해야 비로소 날 수 있다는 새이고, 연리지는 두 나무가 서로 맞닿아 나뭇결이 합쳐진 나뭇가지를 뜻한다. 바다의 비목어와 하늘의 비익조, 땅의 연리목에 얽힌 시리고 아린 연가(戀歌)로다.

실은 비목어(比目魚)란 머리 한쪽으로 두 눈이 몰려 있는 가자미목, 넙칫과의 넙치, 서대, 가자미, 도다리 따위를 가리킨다. 그중 '넙치'는 '넓다'는 말에 물고기를 뜻하는 접미사 '-치'가 붙어 '넓적한 물고기'란 의미로 '광어(廣魚)'라고도 한다. "넙치가 되도록 맞았다." 하면 납작하게 죽도록 두들겨 맞았음을 뜻하고, 생긴 꼴이 신통찮아도 제구실은 똑똑히 할 때 "넙치 눈이 작아도 먹을 것은 잘 본다."고 한다. 또 '가자미 눈'이란 화가 나서 옆으로 흘겨보는 빗뜬 눈을 이른다.

'좌광우도'란 말은 광어는 왼쪽에, 도다리는 오른쪽에 눈이 붙는다는 뜻이다. 물고기 등을 내(앞) 쪽으로 두고 바로 세워 보아 머리가 좌측으로 가면(즉 눈이 왼쪽에 몰리면) 광어요, 대가리가 우측을 향하면(즉 눈이 오른쪽에 몰리면) 도다리다.

그렇다면 이상야릇하게도 왜 눈이 한편으로 쏠리는 것일까. 플랑크톤 생활을 하는 유생은 다른 물고기처럼 전형적인 좌우대칭이다. 그러던 놈이 15밀리미터쯤 자라, 유영 생활에서 저서 생활로 바뀌는 탈바꿈 후기에 이르면 갑자기 부레가 없어지고, 몸이 납작해지면서 옆으로 드러누우며, 종에 따라 눈도 좌우로 휙 돌아가면서 몸매가 비대칭이 된다. 이런 난데없는 환골탈태는 땅바닥에 납작이 엎드려 살기 위한 적응 변화다. 그런데 눈은 뇌의 일부인 탓에 뇌의 안근신경(眼筋神經)이 90도로 뒤틀리면서 눈알 이동이 일어난다고 하지만, 아직 그 영문을 잘 모른다고 한다.

비림이 덜한 광어는 아래턱이 퍽 앞으로 불거지고, 양턱에는 날카로운 송곳니가 삐죽삐죽 나며, 또랑또랑한 눈망울이 머리 위쪽에 있다. 그리고 납작한 몸을 움직이기 위해 등지느러미와 가슴지느러미가 등과 가슴 끝자락에 내리 죽 줄지어 난다. 바다 밑바닥 삶에 알맞게 몸이 납작할뿐더러 위(등)쪽은 황갈색에 아래 뱃바닥은 흰데, 그때그때 잽싸게 몸빛을 바꿔 위장하기에 '바다의 카멜레온'이라 불린다.

그런데 세계적으로 우리나라가 넙치 가두리 양식 기술이 가장 뛰어나 세계 시장의 70퍼센트를 차지한단다. 보들보들하고 쫄깃한 광어 몸살도 그렇지만 기름기 밴 쫀득한 뱃살과 지느러미살은 고소한 것이 진미요, 회를 뜨고 남은 뼈와 머리, 껍질을 푹 끓인 서덜탕도 일미다.

　　　　　　　　　生명의 이름

전어의 깊은 속셈

전어, *Konosirus punctatus*

"봄 도다리, 가을 전어."라고, 가을을 대표하는 생선은 누가 뭐래도 전어다. 살이 통통히 오른 전어 몸집 군데군데에 엇비스듬히 칼질하고, 통 소금을 철철 뿌려 석쇠에 구우면, 노릇노릇 지글지글거리며 내뿜는 구수한 냄새에 깜빡 죽는다. 오죽하면 "가을 전어 굽는 냄새에 집 나갔던 며느리 다시 돌아온다."라거나 "전어는 며느리 친정 간 사이에 문 걸어 잠그고 먹는다."고 하였겠는가. 그런데 전어만큼 철을 타는 물고기도 드물다. 전어는 음력 9~10월에 기름이 두둑이 올라 가장 맛나지만, 산란기인 7~8월에는 기름기가 빠져 버려 "한여름 전어는 개돼지도 먹지 않는다."고 한다. 선현들의 해학성이 자못 돋보이는 속담이다!

그리고 서유구(徐有榘)의 『전어지(佃漁志)』에 "전어는 기름이 많고 맛이 좋아 상인들이 염장하여 서울서 파는데, 귀한 사람 천한 사람 할 것 없이 돈 걱정하지 않고 사먹어 '전어(錢魚)'라고 하였다."고 적고 있다.

전어는 극동아시아 근해에만 사는 터줏고기로 청어과(科, family)에 속한다. 몸길이 15~31센티미터로 몸은 옆으로 납작(측편(側偏)이라는 말도 알아 두시길.)하고 기름하며, 등은 검푸르고 배는 은백색으로 반드러운 것이 때깔이 매우 곱다. 아래턱·위턱은 길이가 같으며, 방울같이 또렷한 눈은 지방질의 기름 눈까풀로 덮인다.

갓 잡은 토실토실한 전어 비늘을 쓱쓱 벗기고, 통째로 채 썰듯 송송 썰어 초간장을 끼얹어, 한입 가득 넣어 꼭꼭 씹으면 고소한 맛이 기막히다. 또 전어사리(전어 새끼)나 어린 전어로 젓갈을 담근다. "곯아도 젓국이 좋고, 늙어도 영감이 좋다."고 하였지.

어쨌거나 천고마비지절엔 말뿐만 아니라 사람까지도 겨울 채비를 위해 잔뜩 살을 찌워야 하기에 입맛이 당기고, 덩달아 "갈바람에 곡식들도 혀를 빼물고 자란다."고 한다. 영양소 중 탄수화물과 단백질은 각각 1그램에 약 4칼로리의 열을 내지만 지방은 얼추 9칼로리를 발열하는데, 이렇게 열량이 많은 지방을 몸통에 쟁여 넣기에 부피(저축 공간)를 적게 차지하는 이점이 있다. 사실 사람의 복부·피하 지방도 위기를 대비해 애써 미리 비축하는 것인데, 아쉽게도 요샌 군살로 푸대접을 받는다.

다음 이야기가 이 글의 고갱이다. 전어를 비롯하여 고등어, 상어 나부랭이의 해산어류, 갈매기나 펭귄 같은 바닷새, 거북이 따위의 파충류, 포유류인 고래, 돌고래 등등 바다동물들은 하나같이 등편은 검푸르고, 아랫배는 희뿌옇게 꾸몄다. 왜 그럴까?

빛이 세면 그림자도 짙은 법. 그런데 이들을 위에서 내립떠보면 흐린 등짝과 어두운 바다색이 뒤섞여 흡사해지고, 또 아래서 칩떠보면 뱃바닥의 흰색과 하늘의 밝은 햇살이 서로 어울려 표가 나지 않는다. 이렇게 몸체가 드러난 윗부분은 거무스레한 어두운색이고, 그림자가 드리워진 아래는 환하게 밝은색이 되는 현상을 '방어 피음(防禦被陰, countershading)'이라 하는데, 이는 그늘을 지워(被陰) 자기를 못 알아보게 막음(防禦)을 뜻하며, 이를 처음 발표한 화가의 이름을 따 '세이어의 법칙(Thayer's law)'이라 한다.

방어 피음은 일종의 위장이요 보호색으로, 매무새를 주변과 엇비슷하게 치장하여 상대를 혼란시킨다. 즉 포식자는 몰래 몸을 숨겼다가 덥석 한달음에 달려들어 먹잇감을 잡아채고, 피식자는 어둠에 가려 잡아먹히지 않는다. 물론 등짝의 짙은 색은 자외선을 차단하는 노릇도 한다.

그렇구나. 전어의 산뜻한 배색에 그런 깊은 속셈이 들었다니 적이 놀랍다. 아닌 게 아니라 자연은 들여다보면 볼수록 신비롭기 짝이 없다.

해로동혈 따라 백년해로하리라!

해로동혈, *Euplectella aspergillum*

    부부 금실과 연관된 말에는 거문고(금(琴))와 비파(슬(瑟))가 합주하여 조화로운 화음(和音)이 이는 것같이 두 부부 사이가 다정하고 화목함을 비유하여 이르는 금슬상화(琴瑟相和), 부부의 인연을 맺어 평생을 같이 즐겁게 지낸다는 백년해로(百年偕老), 이들에 버금가는 것에 같이 늙고 죽어서는 한 무덤에 묻힌다는 해로동혈(偕老同穴)이 있으니, 생사를 같이하는 찰떡 부부 사랑의 맹세를 비유한 말들이다. 3,000여 년 전 중국인들이 부르던 노래를 모아 놓은 『시경(詩經)』에 이 금슬지락(琴瑟之樂)이니 해로동혈(偕老同穴)이라는 말이 나온다 한다.

    요새 유행하는 말이 백번 맞다. 부부란, 청년기엔 애인(love)이요 장년기엔 친구(friend)이고 노년기엔 간호사(nurse)란다. 그리고 환과고독(鰥寡孤獨)이라고, 아내 없는 이를 홀아비 환(鰥), 늙어 남편이 없는 이를 과부과(寡), 어리고 부모 없는 이를 고아 고(孤), 늙어 자식이 없는 이를 외로운 사람 독(獨)이라 하니, 이 넷이 천하에 궁벽한 사람들로서 의지할 데가 없는 사람들이라 한다지. 아직 아내가 큰 탈 없이 살아 있어 줘 더없이 고맙고 행복하구나.

해로동혈은 동물 이름이기도 하다. 유플렉텔라 아스페르길룸 (*Euplectella aspergillum*)은 근육계, 신경계, 소화계, 배설계의 분화가 거의 없는 갯솜동물(porifera)의 한 종이고, 폭 1~8센티미터, 높이 30~80센티미터 되며 심해에 살기에 허여멀끔한 양태(樣態)를 하고 있다. 유리섬유 (glassy fibers)로 만들어진 속이 텅 빈 원통형의 바구니 꼴이라 '비너스꽃바구니(Venus's flower basket)'라 부르고, 우리말로는 마치 설거지용 수세미를 닮았다 하여 '바다수세미'라는 별호가 붙었다. 해로동혈은 다름 아닌 해면동물, 바다수세미렷다!

해면은 석회해면, 육방해면, 보통해면 등 3강(綱, class)으로 나뉘는데 바다수세미는 육방해면(유리해면(glass sponge)이라고도 한다.)에 속하고, 여럿이 다닥다닥 떨기(무더기)로 어우렁더우렁 모여 난다. 우리나라에선 제주도의 서귀포, 세계적으로는 일본, 필리핀, 서태평양, 인도양 등지에 산다.

해면동물은 원생동물보다 한 단계 발달(진화)한 것으로 현재 세계적으로 1,000여 종이 알려져 있고, 고착 생활하며, 몸에 편모를 가진 동정세포(금세포(襟細胞)라는 말도 있다지.)가 있어 물과 함께 들어온 플랑크톤이나 유기물을 잡아먹는다. 몸 안은 '위강(胃腔)'이라는 빈 공간이며, 물은

생명의 이름

몸 벽에 있는 수많은 소공(小孔)으로 들고 꼭대기에 있는 한 개의 대공 (大孔)으로 난다.

유리를 닦거나 하는 해면이 바로 이 해면동물의 골편(骨片)인데, 요 새는 그 구조와 모양을 본뜬 인조 해면을 쓴다. '해면(海綿)'을 직역하면 '갯솜' 아닌가. 그래서 해면동물을 갯솜동물이라 하며, 갯솜은 몸 안이 비어 안에 틈이 무척 많아 물을 한가득 품는 것이 특징이다. 인조 해면 을 물에 살짝 담가 뒀다가 손으로 짜 보면 그 특성을 이해한다.

원래의 자연 해면은 지중해에서 큰 해면을 따서 오래 두면 살이 녹 고 뼈대만 남으니 그것을 깨끗이 씻어 모양 나게 자른 것이다. 그런데 바다수세미는 심해(어떤 것은 수심 3킬로미터 해저에도 서식한다.)에 있으면서 반 듯하고 깔끔한 것이 수세미처럼 얼금얼금 유리질 골편으로 된 그물눈 모양이라 물살이 느리고 유기물이 적은 심해의 바다물이 쉬이 드나들 수 있다.

해로동혈을 부부애의 대명사로 부르는 이유인즉슨, 그 안에 평생 을 함께 살다 죽는다는 한 쌍의 가재 닮은 해로새우(Spongicola venusta)가 오롯이 서로 끼고 살고 있기 때문이다. 암놈 성체의 길이가 1.5센티미 터 정도라 하며, 그 좁은 공간에서 붙박여 살면서 짝짓기하여 낳은 알 은 부화하여 유생인 조에아(zoea), 미시스(mysis) 등 여러 단계로 탈바꿈 (변태)하면서 플랑크톤 생활을 한다. 이렇게 어린 애벌레 시절엔 '꽃바구 니'의 틈새를 가까스로 비집고 들락거리다가 안에서 이내 자라 덩치가 커지면 상대적으로 '창살문'이 좁아져 갇혀 버리니 한 발자국도 밖으로 나올 수 없게 되고 만다. 그 깊고 깜깜한 바다 속에서 꼼짝 없이 오도 가도 못하는 신세에, 애오라지 딱 두 마리가 노상 거기서 바투 붙어 살아간다! 와글와글 여럿이 갇혔다면 꼭 둘만 남고 나머지는 다그치고 내쳐 결국 죽임을 당할 것이다. 처음엔 암수가 일정하지 않아, 자라면서 암수로 성전환을 한다. 헌데 깊은 바다에 사는지라 연구가 덜된 것이 무척 아쉽고 딱하다.

바구니 틈새로 먹을 것이 들어오고, 단단한 실리카(silica)로 된 버성긴 어레미 꼴(한자어로는 망상(網狀)이라 한다.)의 그물 속에 만날 들어 있어 다른 포식자에게 습격당할 위험 없으매 연약한 새우가 살기에 맞고 편하고 안성맞춤이렷다!

근년에 나온 새로운 연구 결과, 몸집이 큰 암컷은 옴짝달싹 못 하고 감금 상태지만 몸피가 작은 수놈은 무시로 빈둥빈둥 나들이를 한다고 한다. 생존과 번식이 생물의 본능인 것! 암튼 유생들은 스스로 새 가정을 꾸리기 위해 제가끔 그물코 밖으로 나가 또 다른 해면을 찾아 나선다, 너른 바다 다 놓아두고. 세포에 박힌 유전자가 무섭긴 무섭다.

또한 갑각류인 따개비나 환형동물인 갯지렁이 등도 해면 안에 숨어사는 공생 동물이다. 해면은 이들 동물이 먹고 남은 찌꺼기나 배설물, 또는 시체를 먹이로 삼고, 공생체들은 천적으로부터 보호를 받으며 공생(共生)한다. 바다수세미와 해로새우도 그런 관계로, 새우는 바다수세미의 몸 안을 청소해 주고, 바다수세미는 새우에게 먹이를 제공하는데, 근자에 바다수세미에 있는 세균이 발광하여 다른 미생물을 유인하고 그것을 새우가 먹는다는 사실도 알려졌다. 놀랄 법한 일들이 아닐 수 없다!

하얗고 연약한 해로동혈 밑동에는 사람 머리카락만큼이나 가늘고 긴 해면 골격인 유리 섬유 뭉치가 바닥에 친친 달라붙는다 하고, 보잘 것없어 보이는 이 해면을 채취하여 실리카를 뽑아 윗길(상품(上品)이라는 한자어도 널리 쓰인다.)의 광섬유나 태양광 전지를 만드는 데 쓴다고 한다. 세상에 필요 없는 것이 없다! 영국에서는 각별히 매무새가 고졸(古拙)하다 하여 비싸게 팔리고 일본에서는 곱게 말려 결혼 날에 사랑의 징표로 선물한다고 한다.

어쨌거나 주례사엔 머리가 파뿌리 되게 살라 하고, 축의금 겉봉투에는 "백년해로(百年偕老)"라 쓰지 않던가. 진정 칠십 고개를 넘고 나니 새벽 도적처럼 달려든다는 죽음이 그리도 두렵다. 세월아 네월아 가지를 마라. 선배나 고우(故友)를 조문하면서 남의 일 같지 않다. 그러면서나 죽으면 영정으로 어떤 사진을 쓸까, 누가 문상을 올까, 화장하면 얼마나 뜨거울까……. 이런 부질없고 덧없는 추잡스러운 생각에 잠기기 일쑤다. 그래, 그래, 어머니가 늘 말씀하셨듯이 "자는 잠에 죽어야" 할 터인데. 착하게 살다 아름답게 죽겠다고, 선생복종(善生福終)을 염불처럼 왼다. 나무아비타불 관세음보살!

멍게 맛은 여름이 으뜸

멍게, *Halocynthia roretzi*

멍게(*Halocynthia roretzi*)는 해초강(海鞘綱), 멍겟과(Pyuridae)의 원삭동물(原索動物)이다. 멍게는 척삭동물(脊索動物, 척추동물과 원삭동물의 총칭이다.)로 비록 척추가 없는 무척추동물이지만 다 같이 척삭(notochord, 배 시기와 유생 때 있는 몸을 지지하는 기관으로, 나중에 연골 또는 경골로 치환된다.)이 생긴다는 점에서 사람과 꽤나 가까운 동물에 해당한다. 멍게도 유생의 꼬리에는 척삭이 있지만 변태하여 성체가 되면서 그것이 흡수되어 없어지고 만다.

파인애플과 몹시 비슷하다 하여 멍게를 영어로 'sea pineapple'이라한다. 또 'sea squirt' 또는 'tunicate'라고도 하는데, 'squirt'란 액체를 찍 짠다거나 물총처럼 물줄기를 쏜다는 뜻이며, 'tunicate'란 딱딱하고 두꺼운 껍데기에 싸여 있다는 의미다. 그래서 해초류(海鞘類)라 부르며, 여기서 한자 초(鞘)는 '칼집(sheath)'을 의미한다. 그리고 몸 겉에는 젖꼭지 모양의 돌기가 오막조막, 더덕더덕 나 있고, '멍게'와 '우렁쉥이'가 다 같이 널리 쓰이므로 둘 다 표준어로 삼는다. 친구를 놀릴 적에 "바보, 멍청이, 똥개, 해삼, 멍게, 말미잘"이라 한다지.

멍게는 세계적으로 2,500여 종이, 우리나라에는 70여 종이 있다 하며, 동해안과 남해안의 수심 6~20미터에 많이 서식한다. 천해(淺海)의 암석, 해초, 조개 등에 붙어살며, 몸 크기에 따라서 독립된 개체(단체(單體)라는 한자어도 있다지.)로 살거나 혹은 서로 이어져 무리로 엉켜 군체(群體, colony)를 이룬다. 15~20센티미터인 몸체 아래에는 해초 뿌리 닮은 것으로 바위 같은 곳에 찰싹 달라붙어 평생 한자리에 살고, 몸 위편에 입수공(入水孔)과 출수공(出水孔)이 있다. 물이 드나드는 구멍(siphon)인 출수공은 입수공보다 아래에 위치하니, 이는 출수공에서 나온 배설물이 입수공으로 흘러듦을 막기 위함이다. 연신 입수공으로 물을 빨아들이고 출수공으로 내뿜으면서 호흡하며, 함께 들어온 플랑크톤이나 유기물을 먹이로 먹는다. 또한 수많은 아가미구멍에 섬모가 나 있어서 먹이를 걸러 먹으니 이를 '여과 섭식(濾過攝食, filter feeder)'이라 한다.

대관절 어느 것이 입수공이며 출수공이란 말인가. 다시 말하면 자루가 좀 기름하면서 넓적한 구멍이 '+'자 모양으로 크게 벌린 것이 입수공이고, 짤따랗고 작으면서 '-'자로 열린 것이 출수공이다. 물이 구멍이 큰 입수공으로 천천히 들어와 좁은 출수공으로 재빨리 나가게 하기 위해 그런 것이다. 그리고 시장에서 멍게의 몸을 툭 쳐 보면 물을 쭉 뿜어 게워 내니 그건 싱싱한 것이며 그때 물이 찍 나오는 틈이 출수공이다. 겉으로 때깔을 봐도 대략 짐작을 하지만 그렇게 자극을 줘 신선도를 가늠한다.

멍게는 대부분이 한 개체에 정소와 난소 모두를 가지고 있는 자웅동체(雌雄同體)로 유성 생식하고, 일부는 어미의 몸에서 새로운 개체가 불룩 솟아나는 출아법(出芽法)으로 무성 생식하는데, 이때 새로운 개체는 어미의 몸에서 떨어지지 않고 붙어 있기에 여러 개체가 뒤엉켜 큰 덩이 집단을 이룬다.

유성 생식은 출수공을 통해 알과 정자를 내뿜어 수정하는 식이다. 알의 지름은 0.3밀리미터이고 2주에 걸쳐서 하루에 1만 2000여 개씩 산란이 이루어진다. 수정 후 이틀이 지나면 올챙이 모양의 작은 유생이 깨어나 수중을 떠다니다가 사흘째엔 머리가 다른 물체에 달라붙으며, 변태하여 성체가 된다. 내처 죽죽 자라서는 1년 후에 약 10밀리미터, 2년째에 10센티미터 정도가 되어 산란을 시작하고, 마침내 3년째에는 약 18센티미터가 되니 이때 보통 잡아먹는다.

문명은 필요의 산물이라 하였지. 수요가 많다 보니 멍게 바다 양식은 1982년에 성공하였고, 그 또한 우리나라가 독보적이라 한다. 곧, 양식은 인공적으로 난자와 정자를 수정시켜 종묘(種苗)를 얻거나 천연에서 어린 것을 채묘(採苗)하여 깊은 바다 속에서 키우는 수하식(垂下式)이다.

멍게는 살을 들어내 맑은 물에 가시고는 날로 초고추장에 날름날름 찍어 먹는다. 정갈하고 독특한 향과 상큼하고 달착지근한 맛을 지니고 있어 먹고 난 후에도 그 뒷맛이 입안에 한참을 감돈다. 어쩌지, 침이 입

생명의 이름

안에 한가득 고이는 것을!? 멍게의 특유한 맛은 불포화알코올인 신티올(cynthiol)이나 장미 향을 내는 n-옥탄올(n-octanol) 때문이며, 글리코겐의 함량이 11.6퍼센트로 다른 동물에 비해 많은 편이다.

홍콩, 일본 등지에서도 식용한다지만 유달리 우리나라 사람들이 회는 물론이고 멍게비빔밥, 멍게젓 따위를 아주 즐기는 것으로 외국 기록에 소개되고 있다. 횟집에 가보면 접시에 멍게 살(위, 아가미, 심장, 창자, 생식소) 말고 껍데기째 놓인 것이 있으니 이가 좋은 사람들은 그것을 잘근잘근 꼭꼭 씹어 안에 든 살을 말끔히 빼서 먹는다. 그런데 우렁쉥이의 껍데기에는 도드라진 돌기가 많고, 가죽처럼 매우 질기다. 동물이면서 식물이 갖는 섬유소(cellulose)가 껍질세포에 든 탓이라고 하니 별종(別種)임에 틀림없다.

멍게는 입맛을 돋우는 쌉싸래한 맛과 은은한 향기, 노화를 예방하는 타우린(taurine), 숙취 해소에 좋은 신티올 말고도 인슐린의 분비를 촉진하기에 당뇨에도 좋단다. 연중 잡아먹고 있지만 바다 수온이 높은 여름철에 맛이 으뜸인데 글리코겐의 함량이 많은 까닭이며, 피로 회복에도 좋다 한다.

그런데 멍게를 빼닮은 미더덕(stalked sea squirt, Styela clava)이 있으니, 이는 미더덕과로 비록 멍게와 겉은 닮았지만, 알고 보면 서로 과(科)가 다른 사이다. 크기는 멍게보다 훨씬 작고, 세계적으로 흩어져 살며, 우리나라 연안에서도 흔하게 볼 수 있어서 된장국을 끓일 때나 각종 탕, 찌개류에 쓴다. 바다에 살면서 뿌리식물인 더덕을 닮았다 하여 미더덕이라는 이름이 붙었는데, 여기서 '미'는 '물(水)'의 옛말이다. 갸름한 타원형으로 손가락만 한 줄기 자루(stalk)로 몸을 바닥에 붙이며, 역시 입수공과 출수공이 몸 끝에 있으며, 입수공은 배 쪽으로 삐뚜름하게 살짝 굽었고 출수공은 앞쪽을 향하였으며, 몸의 빛깔은 황갈색이나 회갈색 등을 띤다. 외국 자료에 이 또한 이례적으로 한국인이 제일 즐겨 먹는 것으로 소개되고 있다. 일본이 원산지로, 이들 미더덕들이 큰 배의 바닥 짐으로 싣는 평형수(ballast water)에 묻어가 온 세계에 퍼져, 한때 미국 북부 태평양 연안에 '침입'하여 수두룩 빽빽, 미국 바다를 마구 휘저어 된통 난리를 피운 적이 있었다.

　문득 옛날 생각이 난다. 경기 고등학교 선생 때 멍게 수업을 열심히 하고 났더니만, 그 반의 어느 학생 별명이 단방에 '멍게'가 되고 말았다. 얼굴에 여드름이 잔뜩 났기 때문이었다. 환갑이 코앞에 왔을 그 제자들의 이름은 까먹었지만 얼굴은 생생히 기억나는군. 건강들 하시게나.

　　　　　　　　　　　　　　　　　　　　생명의 이름

산후조리 미역국의 터줏대감, 홍합

홍합, *Mytilus coruscus*

아내가 동네 시장에서 자금자금한 검푸른색의 조개를 거짓말 좀 섞어 한 자루를 사 와서, 설거지통에 쏟아붓고 그 해물(海物)을 힘이 부치게 싹싹 씻어 내고는 큰 솥에 푹 삶는다. 솥뚜껑 한 귀퉁이에서 증기 기관차를 굴릴 만한 김을 푹푹 내뿜으면서, 고소한 냄새가 군입을 다시게 만든다. 가까이 다가가 거드는 척하면서, "여보, 이 조개가 이름이 뭐요?" 하고 너스레를 떤다. "뭐긴 뭐예요, 홍합이지." 하도 싸기에 홍합탕을 해 먹으려고 샀단다. 실은 아내도 나한테서 귀가 닳도록 들어 뻔히 그 본명을 알면서 에둘러치며 되레 나를 놀려 먹는다. 우려낸 짭짤하고 뿌연 국물에 갓 까낸 탱글탱글한 건더기 조갯살과 썬 부추, 다진 마늘을 그득 넣어 한소끔 더 끓인다. 후룩후룩 속이 확 풀린다!

즙액이 줄줄 흐르는 조개를 삶아 싸리 꼬챙이에 줄줄이 꿰어 햇볕에 바싹 말린 것이 합자(蛤子)인데, 산후조리 미역국에 꼭 넣고, 제사 탕국에도 넣는 제물(祭物) 중 하나다. 겨울이면 요새도 나는 꼬치에 꿴 합자를 곶감 빼먹듯이 하나하나 뽑아 먹는다. 고소하고 달착지근한 아미노산의 맛이라니! 말만 해도 군침이 돈다.

가끔 포장마차에서도 만나기도 하지만 해물칼국수 집에서는 어김없이 그 조개를 먹게 된다. 거기에는 바지락, 동죽, 구슬조개도 들었지만 하나같이 몸집에 비해 작은 씨알(살점)을 빼물고 있는, 입을 헤벌쭉 벌린 녹청색 조가비(조개껍데기)가 한가득이라, 살은 까서 먹고 빈 그릇에 딸그락딸그락 버리기 바쁘다. 그런데 개중에 아가리를 딱 다물고 있는 것은 미련 두지 말고 버릴 것이다. 백에 백은 죽어 개흙을 한가득 품고 있으니 말이다.

여기까지 등장한 조개의 이름은 무엇일까? 홍합은 언감생심, 홍합은 하도 비싸 보통 사람들은 맛도 못 본다. 이는 홍합이 아니고 '지중해담치'다. 조개도 제 이름을 틀리게 불러 주면 뿔낸다.

탕이나 찜, 밥으로 해 먹는 홍합(*Mytilus coruscus*)은 홍합과의 연체동물(軟體動物)로 발이 도끼를 닮았다 하여 '부족류(斧足類)', 껍데기가 두 장이라 '이매패(二枚貝)'라 부른다. 그리고 홍합은 보통 큰 종류를 일컫고, 작은 무리는 '담치'라 부른다. 그런데 홍합은 총중에서 백합(白蛤)과 함께 내로라할 만한 조개로 다들 알아준다. 껍데기 안쪽은 진주광택이 나고, 높이 140밀리미터, 길이 80밀리미터, 폭 55밀리미터쯤 되는 대형종이다.

계절에 따른 성장 속도의 차이 때문에 생기는 나이테(연치(年齒)라는 말도 알아 두면 좋다지.)나 생장선이 거칠게 차례로 나며, 수심 10미터 근방의 암초(暗礁)에 떼 지어 서식한다. 또한 우리나라 동서남해 어디에나 다 살고, 중국이나 일본 등지에 분포하며, 조가비가 아주 두껍고, 껍질과 살이 붉어 홍합(紅蛤)이라고 한다. 홍합을 달리 참담치, 합자, 열합, 섭, 동해부인(東海夫人)으로도 부른다. 잘 드는 칼을 버긋이 갈라진 조개의 입 틈새에 넣고 까 제쳐 놓았다. 보드라운 미색의 외투막이 한가운데 뾰족하니 솟은 발을 감싸고, 한쪽에는 새카만 털 뭉치가 똘똘 뭉쳐 숲을 이룬다. 누가 봐도 속절없이 그 모습이 천생 섭이로다!

우리가 주로 먹는 홍합이라는 것이 실은 지중해담치(*Mytilus galloprovincialis*)다. 지중해담치는 이름 그대로 지중해가 고향인데, 이들의 유생이 외국을 왕래하는 화물선의 평형수(ballast water)에 실려 우리나라에도 묻어 들어왔다. 굴러온 돌이 박힌 돌 뽑는다고, 지금은 이것들이 넘칠 정도로 번식력과 생존력이 강해서 우점종(優占種)이 되었다. 물류(物流)따라 오가는 지중해담치! 이제는 놈들을 키워 먹으니 바다에다 기다랗고 굵은 밧줄(rope)을 내려놓으면(이를 수하식(垂下式)이라고 한다.) 거기에 다닥다닥 부착한다.

지중해담치는 홍합에 비해 껍데기(shell)가 아주 얇고 몸통이 볼록한 편이다. 껍질(각피(殼皮)라고도 한다.)은 청록색이고 껍질 안쪽(진주층)이 눈부시게 다채롭고 영롱한 진주 빛깔을 낸다. 헌데 "조개껍데기는 녹슬지 않는다."고 한다. 천성이 선량한 사람은 다른 사람의 악습에 물들지 않는다는 말씀이다.

바닷가에 가 보면 갯바위에 고만고만한 것들이 닥지닥지 붙어 있는 홍합과 녀석들을 쉽게 볼 수 있다. 홍합과 조개들은 죄다 실꼴의 족사(足絲)라는 억세고 질긴 섬유 조직으로 몸을 돌바닥이나 해초에 찰싹 달라붙게 한다. 그런데 한번 어디에 고착하면 평생을 그 자리에 붙어 있을 것 같은데, 환경이 좋지 않다 싶으면 족사를 녹여 떼어 내어 버리고 다른 곳으로 옮겨 간다고 한다. 그럼 그렇지. 죽음이 찾아오는데도 한사코 거기에 미련을 부릴 리가 있나.

과학은 자연을 모방한 것. 그래서 홍합의 족사로 물속에서도 잘 붙는 순간접착제를 만들겠다고 무진 애를 쓰고 있다. 홍합의 족사 섬유는 사람의 힘줄보다 5배나 질기고, 16배나 잘 늘어나는, 맞수가 없는 멋들어진 자연 신소재다. 물속에서도 쓱쓱 문지르면 척척 달라붙는 순간접착제를 만들면 돈도 많이 벌 수 있을 것이다. 그러나 어디 만만한 것이 있어야지. 손색없는 멋진 접착제가 만들어지기까지는 실험실 사람들이 실랑이하느라 피와 땀을 더 흘려야 할 모양이다.

빛이 있으면 언제나 그늘이 있는 법. 보통은 4월 말에 시작하여 6월 말까지 계속되는 연례적인 일로, 이때 비브리오 패혈증(vibrio sepsis)이 퍼진다. 비브리오 불니피쿠스(Vibrio vulnificus) 세균이 일으키는 병으로 발열과 오한, 전신 쇠약감 등의 증상이 나타나고, 심하면 구토와 설사가 따르며, 결국에는 피부에 심한 염증을 일으킨다. 또 색시톡신(saxitoxin)이라는 독소가 호흡 곤란, 신경 마비를 유발한다. 조개들이 플랑크톤을

생명의 이름

아가미로 걸러 먹는 여과 섭식(濾過攝食, filter feeding)을 할 때 들어온 유독성 편모조류(鞭毛藻類)에 무서운 독이 들어 있는 탓이다. 산란기에는 패류를 날로 먹지 말뿐더러 숫제 삼가는 것이 옳다.

마지막으로 홍합과 지중해담치를 간단히 비교해 본다. 둘 중에 주머니칼 닮은 훨씬 큰 조개인 홍합은 우둘투둘 거친 껍데기가 길고, 흐린색에 매우 두꺼우며, 해초나 따개비 무리가 지저분하게 달라붙는다. 이에 비해 지중해담치는 껍데기가 검푸르고 얇은 것이 곱상하고 매끈하며, 속은 아주 진한 진주 빛이 난다. 그리고 홍합은 껍데기가 납작한 것이 끝 부분(태각(胎殼)이라는 한자어도 외워 두시라.)이 조금 휘움하게 구부러져 톡 비어져 나오는데, 지중해담치는 삼각형에 가깝고, 배가 불룩하면서 태각 부위가 쪽 곧은 편이다. 이들의 천적은 바다 밑의 무법자인 불가사리다.

5부

까마귀 우지짖고 지나가는 지붕

굳세어라 참새야!

참새, *Passer montanus*

그렇지 않은가, 아무리 약한 것이라도 너무 괴롭히면 한사코 대항하니 "참새가 죽어도 짹 소리를 낸다." 하고, 이끗이나 좋아하는 것을 보고 좀체 가만있지 못할 때 "참새가 방앗간을 그저 지나랴." 하며, 몸은 비록 작아도 능히 큰일을 감당하면 "참새가 작아도 알만 잘 깐다."고 한다.

'참(眞)새' 하면 문득 음력 보름이 떠오른다. 잠결에 눈 부비고 일어나자마자 대밭으로 달려가서 귀가 따갑게 왁자지껄 재잘거리는 참새를 "후여! 후여!" 외치며 바지랑대로 휘둘러 후려갈긴다. 아닌 밤중에 홍두깨라고, 녀석들은 연유도 모르고 화들짝 놀라 떼거리로 혼비백산(魂飛魄散), 식겁을 하고 도망친다. 딴 집보다 서둘러 앞서 쫓아야 그해 가을 벼논에 참새들이 덜 낀다고 여겼던 것이다.

자고이래로 가을 들판에서 시끌벅적 들끓는 참새 쫓기는 질릴 정도로 숨 쉴 틈이 없이 바쁘다. 허수아비를 여기저기 세우고 그것도 부족해서 새끼줄을 논두렁 따라 주욱 치고, 구석구석에 깡통을 주렁주렁 매달아 줄을 당기고, 허겁지겁 꽹과리나 깡통을 귀먹을 정도로 땅땅 두드리며 엄포를 놓는다. 싸가지 없는 녀석들이 기고만장하여, 치미는 울분을 삼키고 있는 나를 아랑곳 않고 놀려 대듯 뱅뱅 둘레를 맴도니 악전고투(惡戰苦鬪)가 따로 없다. 수백 마리가 질풍노도(疾風怒濤)처럼 바람을 일으키며 떼로 몰려들어 풋벼바심하여, '찐쌀'을 해 먹기도 이른 이제 막 물오르기 시작한 벼 이삭을 허옇게 쭉쭉 빨아 버리니 그냥 두면 헛농사다. 88(八十八)번이나 손이 간 쌀(米)이요, 태어나 미음(米飮)으로 만나고 죽으면서 입안에 한가득 담고 가는 쌀이 아니던가! 쌀은 그저 쌀이 아니다. 조상의 넋과 혼이 밴 것!

영어 이름으로 'tree sparrow'라고 불리는 참새의 학명은 파세르 몬타누스(Passer montanus)다. 여기서 Passer는 라틴 어로 '참새', montanus는 '산'이라는 뜻이다. 동양에서는 '빈작(賓雀)', '와작(瓦雀)' 또는 '황작(黃雀)'이라 불렀다. 세계적으로 20여 종이 살고 있으며 그중에 참새와 섬참새(Passer rutilans) 2종이 우리나라에 살고 있다. 섬참새는 울릉도와 제주도 한라산에서 살고, 겨울 한때는 동해안이나 남해안 섬에서 목격될 따름이다. 섬참새는 참새와 견줘 서로 엇비슷하지만 참새보다 좀 작아 13센티미터 정도이고, 뺨에 검은 반점이 없는 것이 다르다. 한국과 중국, 일본 등지에 산다.

참새는 주로 인가 근처에서 군서(群棲)하며 참새목 참샛과의 조류다.

암수가 짝지어 생활하지만 가을과 겨울에는 무리 생활하며, (대개 어린 새들이다.) 밤에는 수백 마리가 떼 지어 미루나무나 대나무 숲에 깃든다. 몸길이 14.5센티미터, 날개 편 길이 20센티미터, 몸무게 24그램이며, 머리는 짙은 갈색, 등은 갈색에 검은 세로줄 무늬가 나 있다. 눈 밑의 얼굴은 희고 귀털(이우(耳羽)라고 한다.)과 턱밑, 뺨은 검으며 배는 흐린 흰색이다. 새까만 눈에 딱딱한 부리도 참새의 특징이고, 세 발가락 중 둘은 앞으로, 하나는 뒤로하여 나뭇가지를 붙잡고, 땅바닥에서는 남다르게 두 다리를 모아 폴짝폴짝 뛴다. 한국, 일본, 중국을 포함한 아시아와 유럽 전역에 걸쳐 살며 북아메리카 등지에도 이입(移入)되었다.

"짹짹짹." 여러 수컷들이 암컷 꼬드기느라 부리를 위로 치켜 올리고 꽁지를 부채 모양으로 벌린 채 몸을 뒤로 굽히는 식의 구애 행동을 한다. 초가지붕 처마, 기와집 기와 틈새, 까치가 버린 둥지, 제비집, 나무 구새통 같은 것에 둥지를 트니, 암수가 지푸라기, 마른 풀, 헝겊, 종이 들로 둥그런 보시 모양의 집을 짓고 털이나 깃털 따위를 알자리에 깐다. 수명은 겨우 2년이며, 1년에 2배, 한 배에 4~8개의 알(20×14밀리미터)을 까고, 알은 푸른빛이 도는 회백색 바탕에 회색이나 암적갈색의 반점이 퍼져 있다. 포란 기간은 12~14일이고, 2주간의 육추(育雛, brooding) 기간을 지나면 다 커서 둥지를 떠난다. 보통 때는 곡식 낟알과 풀씨, 나무 열매 등과 딱정벌레, 나비, 메뚜기 등을 잡아먹지만 새끼에게는 모두모두 단백질 덩어리인 벌레만 먹이니 사람들이 젖먹이에게 젖만 먹이는 것과 다르지 않다. 원앙도 그렇듯이 암놈이 여러 수컷과 만나는 난혼(亂婚)을 하는 탓에 10퍼센트 넘게 딴 아비의 새끼라 한다.

참새는 겁쟁이라 새매 같은 목숨앗이(천적)가 채 갈까 봐 노상 안절부절 고갯짓에, 또랑또랑한 눈을 부라리고 온 사방을 살피는데 쥐, 까치, 고양이, 뱀 따위가 집을 공격하여 알을 가로채기 때문이기도 하다. 변변찮은 무리들이 떠들어 대더라도 개의치 않을 때 "참새가 아무리 떠들어도 구렁이는 움직이지 않는다."고 하듯 능구렁이가 집 가에 어슬렁거리는 날에는 즉각 무리지어 고집스럽게 온몸을 날리며 한판 난리를 피운다.

여름이면 처마 끝 이엉 집안에 있는 참새 알을 꺼내 대파에 깨 넣어 구워 먹고, 겨울이면 그 자리에 암수가 함께 잠자리를 트니 맨손으로 잡아 통째 구이를 해 먹었다. (참새는 10월과 정월 사이에 먹었다.) 참새 잠자리는 어쩌면 그렇게 포근하고 따스하였던지, 아직도 손끝의 그 온기를 잊지 못한다. 참새는 새그물이나 고무새총으로 잡기도 하지만 덫으로 잡기도 한다. 폭설이 내린 날이면 마당 한구석의 눈(雪)을 쓸고 거기에 바지게(발채)를 접어 묵직한 돌을 얹고 나무막대로 비스듬히 받쳐 세운다. 발채 밑에 쌀알을 한가득 뿌려 두고, 막대 밑동에 맨 굵은 새끼줄을 팽팽히 당겨 안방에 숨어 눈 빠지게 기다린다. 별수 없이 배곯은 참새가 차츰차츰 몰려든다. 이때다! 받쳐 매어 놓은 새끼줄을 팍 잡아당긴다. 덜커덕, 바지게 밑에 몇 마리가 깔려 압사한다. 이렇게 짓궂은 참새 이야기를 빼면 내 유년 시절은 불완전해지고 만다.

1960년, 대학교 2학년 때 겨울 방학을 맞아 집에 내려갔다. 아침에 잠을 깼는데 뭔가 영 이상하다. 아침 대밭에 참새가 좀 많았던가. 가만히 생각하니 언제나 내 아침잠을 깨워 주던 참새들의 시끌벅적한 지저귐이 통 없다. 적막강산(寂寞江山)이다. 몹쓸 속악(俗惡)한 인간들이 볍쌀에 농약을 묻혀 뿌려 놓아 몰살시킨 탓이다. 중국의 마오쩌둥도 '참새 잡기 운동'을 벌였지만, 참새가 해충을 잡아먹어 나락 소출(所出)에 일조(一助)하는 것을 계산에 빠트린 탓에 나라 전체에 큰 화(禍)를 불렀다.

참새가 확 준 것에는 또 다른 원인이 있다. 1980년 무렵에 주요 번식처인 초가집이 슬래브 집으로 바뀌었고, 또 번식기에 잡아먹던 곤충이 강력한 제초제와 살충제에 사라진 것이다. 사실 알고 보면 사람의 천적은 가히 잡초와 곤충이라, 우리는 살초제와 농약 개발을 그렇게 지독하게 했던 것이다. 결국 생물의 생존과 번식에 필수적인 먹이와 집을 몽땅 잃었으니 참새들은 자취를 감출 수밖에 없었다.

모질고 끈질긴 생명력을 발휘하는 오달지고 옹골찬 참새가 너무 가상타! 이제껏 쉽사리 씨가 마르지 않고 꽤나 남아 있기에 말이다.

굳세어라 참새야!

희소식의 새, 까치

까치, *Pica pica serica*

"까치까치 설날은 어저께구요. 우리우리 설날은 오늘이래요……." 이렇게 설을 나란히 하던 까치가 아닌가. 세시풍속에 칠월칠석 까치가 하늘로 올라가 견우직녀의 만남을 돕고자 오작교(烏鵲橋)를 놓으니, 날씬한 까치가 돌을 머리에 이고 다녔기에 머리털이 빠지고 머리가 벗겨져 민머리가 된다.

우리 시골에서는 까치를 '깐치'라 부른다. "까치를 죽이면 죄가 된다."는 속신(俗信)에다, 부자가 되거나 벼슬을 할 수 있는 비방(祕方)을 전해 준다는 생각이 퍼져 있었다. 울면 길조(吉兆)라던 상서롭던 길조(吉鳥)가 지금은 몹쓸 놈, 천하의 천덕꾸러기가 되고 말았다. 그런가 하면 유난히 시끄럽게 떠드는 사람을 "아침 까치 같다." 하고, 허풍을 잘 떨고 흰소리 잘하는 사람을 "까치 뱃바닥 같다."고 빗대어 말하기도 한다.

생명의 이름

익조(益鳥)로 여겼던 너를 어느새 해조(害鳥)로 원수 취급하고 말았다. 과수원 과일 좀 파먹고, 철탑이나 전봇대에 집 지으면서 물어 온 철사가 정전을 일으킨다고 너를 쏘아 죽이기에 이르렀다. 좀 거치적거린다고 졸렬하게도 맵시 나는 너를 홀대하다니…… 어쨌거나 딴 생물들은 어이없이 줄어들어 보호하겠다고 야단치면서 너를 천대하는 것은 터무니없이 개체 수가 늘어난 탓이다. 암튼 더없이 생존력이 센 까치다.

까치(Korean magpie, *Pica pica serica*)는 까마귀와 함께 참새목, 까마귓과에 속하는 텃새로, 한자로 작(鵲)이라 하며 '희작(喜鵲)', '신녀(神女)'라고도 하였다. 몸길이 45센티미터, 날개 길이 19~22센티미터로 까마귀보다 조금 작은데, 꽁지는 길어서 26센티미터에 이른다. 까치의 날개 끝은 짙은 보라색이고, 꼬리는 푸른 광택을 내며, 어깨 깃과 배는 흰색이고, 나머지는 죄다 검은색이다. 얼마나 예쁜 배색을 하고 있는지 모른다.

까치의 걸음걸이도 특색이 있어서 엉금엉금 걷기도 하고, '까치걸음'이라 하여 두 발을 모아 조촘거리며 종종걸음을 하고, 가끔은 날렵하게 깡충깡충 뛰기도 한다.

발가락 사이에 금이 터져 갈라진 자리를 가리키는 '까치눈'이란 말이 있다. 이게 생기면 무척 아리고 따가운데 아마도 까치눈이 작게 짜개진 것을 본뜬 말일 듯하다.

까치는 둥지를 큰 나무나 전신주, 고압 송전탑에다 나뭇가지 등을 얼기설기 얽어 지름 약 1미터 크기로 만들며 안에는 알자리로 진흙, 마른 풀, 깃털 등을 깔고, 남동쪽에다 몸이 겨우 빠져나올 정도로 조붓하게 문을 낸다. 봄에 갈색 얼룩이 있는 연녹색 알 5~6개를 거기에 낳아 17, 18일간 포란(抱卵)하고, 부화된 뒤 22~27일이 지나면 둥우리를 떠난다. 어떤 때는 쪼르르 잇따라 아래 위에 연립 주택을 지으며, 까치도 그해 큰물이 질 듯하면 둥지를 덩그러니 꽤나 높은 곳에 올린다고 하니 까치는 참으로 훌륭한 기상 통보관이요, 예보관이로다!

부부의 정이 돈독한 일부일처인데 둘은 평생 같이하며, 홀아비가 되면 다른 과부와 짝을 짓는다고 한다. 그리고 늦가을부터 겨울 동안 수백 마리가 떼를 지으니 이때 서로 눈 맞추고 익히는 집단 맞선 보기(marriage meeting)를 한다.

잡식성이어서 쥐 따위의 작은 동물을 비롯하여 곤충, 나무 열매, 곡물 등 닥치는 대로 마구잡이로 먹고, 과수원에도 달려드니 놈들이 입맛이 귀신이라 꼭 맛있는 것을 파먹는다.

그리고 우리와 달리 서양 사람들이 까치를 불행의 징조로 보는 것은 반짝거리는 물건을 훔치고, 아주 공격적이라 그런다고 한다. 유라시아와 북아프리카, 북아메리카 서부 등지에 분포하는데, 북아메리카나 유럽에 사는 놈들의 미토콘드리아 DNA(mitochondrial DNA) 분석 결과 우리나라의 까치와 대차가 없다 하며, 학자에 따라 세계의 까치를 2~4개의 아종(亞種)으로 분류한다.

또 배려의 민족인 우리는 감이나 대추를 따더라도 '까치밥'을 남겨 두었고, 씨앗을 심어도 셋을 꼽아서, "하나는 하늘(새)이, 다른 하나는 땅(벌레)이 먹고 나머지는 내가 먹겠다." 하는 여유로운 국민이다. 그런

생명의 이름

데 말을 안 해서 그렇지 옛날 사람들도 까치를 탐탁잖게 여겼던 것 같다. '까까' 우는 새의 이름 뒤에 낮춤말인 '치'를 붙여서 '까치'라 불렀으니 말이다.

까치의 텃세(보통 1.5~3킬로미터)는 알아줘야 한다. 5~6월이면 새끼를 까고 나오는데, 이때면 심술궂은 동네 조무래기들이 긴 장대로 높다란 감나무의 까치집 똥구멍을 쑤셔 동네를 발칵 뒤집어 놓는다. 까치집에서 푹푹 쏟아지는 꼬챙이, 터럭, 먼지로 줄곧 아수라장이지만 악동들의 장난기는 아무도 말리지 못한다. 까치 놈이 강한 부리로 쪼면서 달려들기에 머리에는 부엌의 박 바가지를 뒤집어써 중무장을 하였다. 어디 그뿐인가. 덩치 큰 매나 독수리 같은 맹금류들도 서로 만만찮게 일진일퇴를 거듭하다가 당당하게 바짝 달려드는 까치 떼에 소스라치게 놀라 우스꽝스럽게도 비실비실, 총총히 꽁무니를 내뺀다.

설날 새벽에 가장 먼저 까치 소리를 들으면 그해에는 운수대통이라 하였다. 까치도 낯을 가려 동네 사람들의 몸차림이나 목소리도 기억하고 있어서 낯선 사람이 동네 어귀에 나타났다면 깍깍 울어 젖힌다. 실은 여기에서 "까치가 울면 손님이 온다."고 믿게 되었다. 까마귀, 앵무새들과 함께 지능이 높아 영리하기로 이름난 새인데 이래도 '새대가리'라 비꼴 참인가? 까마귀나 까치의 뇌에서 인지(認知) 기능을 하는 부위(nidopallium)의 크기가 놀랍게도 침팬지나 사람과 거의 맞먹고, 체중에 따른 뇌의(총량)의 비도 사람에 조금 못 미친다고 한다.

똑똑한 까치는 거울에 비친 자기 모습을 알아본다. '거울 자기 인식

(mirror self-recognition)' 능력을 가진 것이다. 어릴 때 커다란 거울을 마당에 들고 나가 장닭 앞에다 들이밀어 봤지. 아니나 다를까 녀석이 거침없이 눈알을 부라리고 목을 끄덕이며 당장 거울에 다가서더니만 무턱대고 몸을 날려 다부지게 두 다리에 붙은 싸움발톱(며느리발톱)으로 가차 없이 거울 유리를 박찬다. 마구 끝장을 보자는 자세다. 거울에 비친 수탉 놈이 자기를 노려보고 달려드는 것으로 알았던 게지. 까치보다 머리가 한참 둔한 수탉이다.

'희소식과 행운의 새' 까치는 준비성도 있어서, 가을철이면 한겨울에 찾아 먹으려고 먹이를 물어다가 언덕배기 양지바른 곳의 잔디나 돌멩이 틈새에 몰래 쑤셔 넣어 둔다. 까막까치가 그 짓을 하는데, 어디다 숨겼는지 기억 못할 때 "까마귀 고기를 먹었나?"라고 하는 것이다.

어릴 적에 실을 매고 이를 뽑아 지붕에 던지며 "까치야, 까치야, 너는 헌 이 가지고, 나는 새 이 다오."라는 동요를 부른 기억이 아직도 생생한데……. 대체 이렇게 영매(英邁)한 새를 '나쁜 새'라 지목하여 푸대접하고 척지며 살아야 하는가. 그러지 말자.

오늘도 까치는 깍 깍 깍, 손님맞이를 한다.

닭이 알을 품듯 하라니?

닭, *Gallus domesticus*

지금 우리가 기르는 닭(*Gallus domesticus*)은 3,000~4,000년 전에 미얀마, 말레이시아, 인도 등지에서 들닭(야계(野鷄)라는 한자어는 아시는가?)을 길들여 가축화한 것이다. 오랫동안 품종을 개량하여 산란계, 육계, 투계 등 수많은 품종이 생겨났다.

이집 저집 새벽닭이 제 시간에 틀림없이 홰를 치며 세차게 수십 번을 운다. 어찌 녀석들이 울 시간임을 알고서 그런담? 닭 몸속에 '생물시계(biological clock)'가 있어 그렇다고 하는데, 사람이나 닭이나 송과선(松果腺)에서 나오는 멜라토닌(melatonin) 호르몬 농도가 짙으면 잠에 빠진다. 그런데 동틀 무렵의 광선은 여리기는 하지만 멜라토닌을 파괴하기 때문에 닭이 잠을 깨는 것.

아침에 닭장 문을 열어 주면 녀석들은 퍼드덕거리며 무리지어 밭가로 곧장 내뺀다. 밭에서 노니는 것을 보면, 수탉 놈은 경계의 눈초리를 잠시도 늦추지 않고 연신 목을 한껏 빼고는 울어 젖힌다. 그다음에는 옆집 녀석이 잇따라 울고…… 그렇게 온종일 자꾸 돌림소리를 이어 간다. 그런데 고모부들이 오시는 날이면 언제나 닭 한 마리가 틀림없이 죽어 나간다. 일종의 닭서리다. 닭장에서 목을 비틀어서 던져 놓고는 떡하니 할머니께 "장모님, 장모님, 저기 닭이 죽었던데요." 하고 사랑채로 나신다. 할머니는 의당 그럴 줄 알고 계신다. 늘 그래 왔으니까. 사위는 백년지객(百年之客)이라 씨암탉을 잡아 주는 것이 아닌가.

그다음 날 아침이다. 아니 저런!? 옆집 수탉 놈이 어느새 달려와서 우리 집 암탉을 휘몰고 다니지 않는가. 밤새 우리 수탉이 울지 않으니 밉고 미운 옆집 놈이 용케 알고 내달려 온 것이다. 수탉들이 왜 종일 목청을 뽑아 대는지 이제 알았다. "내 여기 있으니 가까이 오지 마라." 하는 경고다. 그들의 세계에도 다 제 터가 있어 금을 넘는 날에는 죽기 살기로 싸움질을 해 대니 텃세다. 어떤 날은 수탉이 피투성이가 되어 들어오니 남의 영역을 넘었거나, 침범해 온 놈을 막느라 그렇게 된 것. 인간들도 내 것 네 것 하면서 눈에 불을 켜고 싸움을 벌이지 않는가.

다시 밭으로 돌아가서, 쉼 없이 두 발로 땅을 후벼 파고 뒤져 켜켜이 쌓인 검부러기를 긁어내고, 알곡 씨앗은 물론이고 지렁이나 벌레를 잡는다. 수놈은 가짜 막댓가지를 물고 암컷을 부르는가 하면, 버러지 한 마리도 "구구구" 소리 질러 암놈을 준다. 그런데 아무리 봐도 수놈이 암놈을 쪼는 일 없고, 암놈이 수놈에게 달려드는 것을 본 적이 없다.

이것이 닭의 금실이요, 그래서 예식장에 닭 한 쌍이 자리하고 있는 것이다. 옛날에 동네 결혼식장에는 닭 한 쌍이 떡하니 올라 있었고, 또 신랑신부가 예식을 끝내고 방에 들 무렵이면 나무 원앙 한 짝을 집어던지는 것도 봤다. 원앙새를 산 채로 잡을 수만 있었다면 금실 좋기로 이름 난 원앙이 앉아 있었으리라.

그러나 수놈과 암놈 끼리끼리나 햇닭과 묵은 닭 사이에서는 다툼이 있어서, 모이를 주면 제일 힘 센 것이 가운데 자리하고는 아랫것을 계속 쪼니, 약한 것들은 들락거리면서 조심조심 주워 먹는다. 이렇게 위계질서와 순위(계급)가 서 있으니 이를 'pecking order(모이를 쪼아 먹는 순서)'라 한다. 그렇잖으면 맨날 싸워 집단이 말이 아닐 터. 찬물도 아래위가 있다는 말씀!

그리고 닭 한 마리만 있어서 혼자 모이를 잔뜩 주워 먹고 퇴가 난 상태인데, 다른 친구들이 뒤늦게 달려와 먹이를 주워 먹으니 경쟁 심리가 발동하여 저도 따라 마구 먹는다. 자식이 많은 집에서는 반찬도 서로 다투면서 신나게 먹는데 동그마니 외동 녀석들은 먹여 줘도 깨작거리며 도리질한다. 여럿 있어야 사회성이 낫자란다.

알 낳을 시간이 되었다. 암놈은 "고, 고, 고" 알결으며 알자리 근방을 맴돌다가 홀쩍 둥지에 날아오른다. 아연 긴장한 장닭도 주위를 서성거리니, 산실에 들어간 부인을 기다리는 안쓰러운 남편의 심정일 터. 나는 둥지 뒤 구석에서 살그머니 눈만 쏙 내놓고 알 낳기를 채근한다. 달걀이 여러 번 구멍을 들락날락거리다가 한순간 쑥 낳고, 한참을 있다가 "꼬꼬댁 꼭꼭" 거리며 후다닥 날아 나온다. 얼쩡거리던 수놈도 맞장구쳐서 목청을 올린다. 이렇게 하루 한 개씩, 얼추 스무남은 개가 모이면 산란을 멈추고 품기를 하니 토종 암탉 이야기다. 어미가 품어 낳은 새끼는 알을 품지만 부란기(孵卵器)에서 깬 것들은 품는 시늉만 한다.

알을 안길 때 달걀 말고도 오리 알이나 꿩 알을 안기기도 한다. 어미닭은 깨인 병아리를 모두 제 새끼로 알고 차별하지 않으며, 새들은 제가 태어나 먼저 본 큰 물체를 어미로 여기기에 오리나 꿩 새끼들도 엄마로 쫄쫄 따른다. 그런데 오리는 이미 오래전에 가축으로 순치되었기에 커서도 닭들과 함께 지내지만, 꿩은 아직도 야성이 남아 있어서 "꿩 새끼 키워 놨더니 제 어미 찾아간다."고 산자락으로 도망친다.

알을 품은 어미닭은 털도 빠지고, 볏도 창백한 것이 핏기를 잃으니 성한 데가 없다. 똥을 누기 위해 잠깐 날아 나오는 것 외에는 고개 푹 숙이고 지루하게 꼬박 틀어박혀 지독스럽게 품는다. (닭의 체온은 섭씨 39.8~43.6도이다.) 선사(禪師)들이 후학들에게 "닭이 알을 품듯 하라."고 타이르는 까닭을 알 만하다. 어느 동물이나 모정은 하나같이 사무치게 지극하고 극진한 법. 그렇게 포란(抱卵) 스무하루 만에 둥지 안에서 새 생명의 소리가 난다! 새끼는 안에서 난치(卵齒)로, 밖에선 어미가 알을 쪼니 이를 '줄탁동기(啐啄同機)'나 '줄탁동시(啐啄同時)'라 한다. 이것은 곧 병아리가 알 안에서 쪼는 소리를 듣고 어미닭이 밖에서 껍질을 쪼아 부화를 도와준다는 뜻으로, 스승의 든든한 도움으로 제자가 훌륭하게 학문을 깨우치는 것을 이르는 숙어렷다.

생명의 이름

정신일도(精神一到) 달걀 세우기

달걀, egg

닭의 알(달걀)은 살아 있는 단세포(單細胞)이다. 그리고 모든 세포가 세포막과 세포질, 핵으로 구성되어 있다. 달걀의 세포막은 껍데기, 알 막, 흰자를 묶어 말하고, 노른자가 세포질이며, 늘 노른자의 위에 자리한 작은 알눈(배반(胚盤)이라는 말은 들어 보셨는가?)이 핵에 해당한다.

달걀 무게는 보통 60그램을 기준으로 삼으며 공룡, 타조, 에뮤 알 다음으로 큰 편이다. 달걀 껍데기에는 눈에 안 보이는 7,000~1만 7000여 개의 잔구멍(pore)이 있으니, 표면적을 넓혀서 공기의 드나듦을 원활케 하기 위함이다. 달걀 껍데기의 주성분은 탄산칼슘($CaCO_3$)이며, 두께는 약 400마이크로미터(0.4밀리미터)다. 달걀 껍데기의 색은 어미 닭의 깃털 색과 일치한다. 또 두 겹의 알 막은 고막만큼이나 얇고, 흰자는 순수 단백질이며, 알끈에 고정된 노른자(난황(卵黃)이라는 말은 들어 보셨을 것이다.)에 든 콜레스테롤 등 온갖 영양소는 병아리 발생에 쓰인다. 알눈에는 유전 물질이 들었으니 수탉 없이 낳은 홀알(무정란)은 발생 불가다.

달걀은 산 세포라 줄곧 양분을 산화시켜 에너지를 낸다. 하여 오래된 달걀은 내용물이 점점 줄어 꿀렁인다. 그래서 삶은 달걀 껍데기가 쉽게 까지면 오래된 알이요, 잘 벗겨지지 않으면 신선한 달걀이다. 또한 달걀을 끓는 물에 바로 담그면 공기집 공기가 팽창하여 터지기에 찬물에 넣어 익히고, 그때 부푼 공기 방울이 보글보글 새어 나온다.

달걀을 삶을 때 소금을 넣어서 껍데기 틈새로 밀려 나오는 흰자위를 굳게 한다는데 확실치 않다. 또 익힌 달걀을 찬물에 식히니 이는 황화수소와 철이 화합하여, 노른자위를 푸르스름케 하는 황화철이 되는 것을 막는다. 물론 노른자색은 사료에 달렸다.

뜻하지 않은 방해가 끼어 재수 없을 때를 '계란유골(鷄卵有骨)'이라 하고, 달걀을 쌓듯 매우 위태로운 상황을 '누란위기(累卵危機)'라 한다. 그런데 사람들은 달걀을 깨 세웠다는 '콜럼버스의 달걀' 이야기를 자주 들어 온 까닭에 숫제 달걀을 세워 보려 들지 않는다. 알을 열 손가락으로 오긋이 감싸 쥐고 세우면 잘 선다. 정신일도(精神一到) 달걀 세우기! 오뚝 선 달걀에서 더없는 성취감을 느낀다. 무릇 창조는 발상 전환과 선입관의 타파에서 비롯된다.

생명의 이름

초피나무, 남도의 맛

초피나무, *Zanthoxylum piperitum*

초피나무(*Zanthoxylum piperitum*)는 제피나무나 조피나무, 천초(川椒)라 불리는데, 한국, 일본, 중국 등 동아시아에만 자생하며, 귤속과 금귤속, 탱자나무속이 속하는 향초(香草)인 운향과(芸香科) 식물이다. 초피나무와 아주 닮은 같은 속(屬, genus)에는 산초나무(*Zanthoxylum schinifolium*)가 있는데, 이들의 특징은 은행나무나 뽕나무, 삼 따위처럼 암나무와 수나무가 따로 있는 암수딴그루(자웅 이주(雌雄異珠))라는 것이다.

초피나무는 주로 산 중턱이나 산골짜기에서 나며 산기슭은 물론이고 밭가에도 흔하게 자란다. 키는 3~5미터로 헌칠하게 자라고, 턱잎이 변한 1센티미터 정도 작은 가시가 잎자루 밑에 한 쌍씩 마주 달린다. 또 잎은 어긋나기 하고, 아까시나무처럼 잎줄기 좌우에 여러 쌍의 진초록 잔잎이 짝을 이루어 달리며, 끝자락에 잎 하나 붙는 깃털 모양의 잎(홀수깃꼴겹잎)이다. 잔잎(소엽(小葉)이라고도 한다.)은 달걀 모양으로 길쯤한 잎줄기에 9~11장씩 어긋나게 달린다. 잎의 앞면 가운데에 노랗고 반투명한 기름방울이 나오는 검은 기름점이 있다. (기름방울과 기름점은 각각 유적(油滴)과 유점(油點)으로도 불린다.)

암꽃과 수꽃이 딴 나무에 피는 단성화로, 황록색인 꽃은 5~6월에 피고, 암꽃의 암술은 한 개로 끝이 세 갈래로 길게 갈라지고, 수꽃에는 다섯 개의 수술이 있다. 열매는 암나무에 한가득 송아리로 달리고, 똥 그랗고 녹색이었던 열매가 새빨갛게 익으며, 열매껍질이 두 갈래로 갈 라져 검게 윤기 나는 둥근 씨앗이 저절로 튀어 나온다.

초피나무의 어린잎은 데쳐 무쳐 먹거나 생채로 고추장에 박아 장아 찌를 담그며, 열매껍질은 향신료(香辛料)로 사용한다. 열매껍질을 '초피' 라고 부르는데, 이것을 잘 말려 절구통에 찧어서 병에 담아 두고 조금 씩 쓴다. 가루 상태로 오래 저장하면 점차 매운맛을 잃게 되므로, 열매 로 간수하였다가 갈아 쓰는 것이 더 좋다. (후추도 매한가지다.)

데면데면 거칠게 간 가루를 추어탕에 넣어 비린내를 잡고, 매운탕이 나 김치찌개, 된장찌개에도 넣어 먹는데, 매콤한 맛과 코를 톡 쏘는 매 운 향인 산쇼올(sanshool)은 혀끝이 아린 듯 얼얼한 느낌을 준다. 초피에 는 기름 성분이 2~6퍼센트 들어 있는데 그중 산쇼올이 8퍼센트 정도 로, 강하고 자극성이 있어 미각과 후각을 마비시킬 정도이다. 실은 초 피 가루를 우리보다 일본 사람들이 더 즐겨 먹으니, 상품화되어 있어 육류와 생선 요리에 쓴다고 한다.

생명의 이름

초피나무에 짙은 향기가 있어서 벌레를 타지 않을 것이라 생각하지만, 호랑나비(*Papilio xuthus*) 애벌레는 초피나무나 산초나무 말고도 다른 운향과 식물인 귤, 금귤, 탱자나무 등의 잎도 갉아먹는다.

다음은 초피나무의 사촌 격인 산초나무 이야기다. 산초나무는 수고(樹高)가 걸잡아 3미터 정도에 달하며, 수피(樹皮)는 회갈색으로 줄기에는 어긋나게 돋아난 바늘가시가 촘촘히 나 있다. 잎은 어긋나게 달리고, 초피나무처럼 기수우상복엽이며, 잔잎은 많으면 23개이고, 잎자루에 눈에 보일 듯 말 듯한 잔가시가 잔뜩 달린다.

이 또한 암수딴그루로 수꽃에는 다섯 개의 수술이 있고, 암꽃은 암술머리가 세 갈래로 갈라진 한 개의 암술이 있다. 열매는 녹갈색으로 여물며, 열매껍질이 세 갈래로 갈라지면서 까만 종자가 비어져 나온다. 종자인 분디로는 기름을 짜며, 한국과 일본, 중국 등지에 분포하니 이는 지질학사(地質學史)가 말하듯 옛날 옛날에는 일본도 대륙에 함께 붙어 있었다는 것을 뜻하는 것이리라.

나무의 생김생김이 산초나무와 초피나무는 언뜻 보아 구분이 안 될 정도로 닮았다. 크게 보아 초피나무는 열매가 익으면 루비(ruby) 빛깔같이 빨갛게 변하고, 산초나무는 익은 열매껍질이 연한 녹갈색을 띤다. 또 초피는 열매껍질을 주로 먹지만 산초는 반들반들하고 새까만 씨앗을 발라내어, 기관지에 더할 나위 없이 좋다는 산초 기름을 짠다. 또한 우리나라 중부 이남에는 초피나무와 산초나무가 함께 자생(自生)하지만 중부 이북에는 추위에 강한 산초나무만 나고, 씨앗만 놓고는 둘을 눈가늠하기 어렵다.

딴 이야기지만, 역시나 한국, 일본, 타이완, 중국에 자생하며 흔히 '방아'라 부르는 꿀풀과의 여러해살이풀인 배초향(排草香, *Agastache rugosa*)이 있다. 네모진 줄기는 높이가 40~100센티미터이고, 잎은 마주나기하고 갸름한 심장형으로 끝자락이 뾰족하다. 어린잎은 식용·약용하고, 산야의 습한 곳에 야생하며, 우리나라 각지에 분포한다. 중국에서는 '곽향(藿香)'이라 하여 포기 전체를 소화와 건위, 진통을 돕고 구토와 복통을 다스리는 약재로 쓴다고 한다. 그냥 두면 아무 냄새가 없으나, 놈들을 슬쩍 건드리거나 툭 쳐서 자극을 주면 싸한 냄새가 진동한다. 침입자를 쫓기 위한 일종의 타감 작용(他感作用, allelopathy)이다. 제라늄이나 다른 허브(herb) 식물이 다 그렇다.

내 고향, 경상남도 산청(山淸)에서는 방아를 터줏대감으로 모셔 집집이 담장(우리 시골에서는 '담부랑'이라고 했다.) 자락에 지천으로 늘비하게 자리 잡았다. 겉절이나 열무김치, 된장, 장떡에다 순대에까지 잎사귀 한 움큼씩 넣어 먹는 놈이 사는 귀한 풀이다. 가을이 되면 꿀물이 한가득 든 보라색 꽃이 여기저기에 봉긋이 솟아올라 일렁거리고, 벌새(humming bird) 닮은 황나꼬리박각시(bee hawk moth) 녀석들이 들끓으니 장관이다!

그러면 초피나 방아 같은 것을 왜 남쪽 사람들이 즐겨 먹는가? 초피나 마늘, 고추, 후추 등의 모든 향신료에는 부패를 방지하는 성분이 들어 있다. 특히 더운 지방에서는 (냉장고가 없던 시절) 음식을 오래 보관하는 방법으로 소금, 간장에 되우 짜게 절이거나, 시는 것을 예방하는 살균제 역할을 하는 향신료를 한 줌씩 듬뿍 넣었다. 하여 우리나라도 남도 지방의 음식이 되게 짠 편이다. 동남아시아 등지의 음식에 우리 입에 맞지 않는 고수풀 같은 것을 넣는 것도 같은 이치다. 한 고장이나 어떤 나라의 음식(식문화)에는 으레 그곳의 기후 환경이 숨어 있는 것. 좀 부풀려 하는 말이지만 우리 시골에서는 다들 초피 가루, 방아풀 없이는 하루도 못 산다.

버릴 것 하나 없는 감

감나무, *Diospyros kaki*

종이가 귀하였던 어린 시절에 감잎을 접어 딱지치기를 하였고, 샛노란 감꽃을 알알이 실에 꿰어 주렁주렁 목에 매달고 다니다가 출출하면, 텁텁하고 달착지근한 그것을 군것질 삼아 먹었다. 아낙네들도 감꽃 목걸이를 걸면 아들을 낳는다고 해서 목에 둘렀지.

빠닥빠닥한 감잎은 달걀꼴로 어긋나기하고, 둘레에 톱니(거치(鋸齒)는 이미 앞에서 살펴보았다.)가 없으며, 어린 감잎은 따말려 감잎차로 쓴다. 통꽃인 둥그런 종(鐘) 꼴인 꽃잎은 네 장이고, 4~7갈래의 꽃받침은 감이 익어도 떨어지지 않고 끝까지 열매 밑을 떠받친다.

퍼런 생감 도사리를 소금물 항아리에 넣어 타닌의 떫은맛을 삭인 것이 우린감(침시(沈柿)라는 한자어도 있다.)이다. 땅바닥에 떨어진 홍시로 허기를 달랬지만 땡감도 마다않고 먹느라 거뭇거뭇 감물이 흰옷에 밴다.

이렇듯 풋감을 짓이기고 으갠 떫은 즙(타닌)으로 무명천을 물들인 옷이 칙칙한 갈옷이다. 그리고 죽죽 검은 줄무늬 나는 먹감나무는 재질이 좋아 장롱 짜는 데 안성맞춤이다.

나는 이름 날리는 '지리산산청곶감', '덕산곶감'이 나는, 감이 흔한 곳에 살았기에 여러 소중한 체험을 하였다. 동네에 많이 나는 고종시와 단성감은 범보다 무섭다는 쫀득쫀득하고 달콤한 곶감 깎고, 주먹만한 대봉은 달달한 홍시(紅柿)를 만들고, 아삭아삭 맛 나는 단감은 그대로 쓱쓱 베어 먹는다. 후드득 떨어진 연시(軟柿)는 모조리 얼른얼른 주워다 독에 차곡차곡 넣어 두어 감식초를 만든다.

무서리가 내린다는 상강 무렵이면 우리 시골은 곶감치기에 손길이 바빠진다. 감을 나무에 너무 오래 두면 말랑말랑해져 버리기에 때맞추어 장대로 나무초리를 똑똑 꺾어 따야 하니 목이 빠진다. 곶감을 돈 주고 살 사람들이 감 껍질을 기계로 척척 깎고 곶감 건조기로 쉽게 말린다지만, 우리야 언감생심. 한참을 뱅글뱅글 돌려 벗기고 나면 손가락이 얼얼해지고 만다. 헌데 볼품없고 흠집 난 핫길감은 통째로 얇게 삐져 꾸덕꾸덕 말리니 감말랭이(감똘개)이다.

옛날에는 깎은 감을 대꼬챙이나 싸리꼬치에 꿰어 말렸으나 요즘은 감꼭지(꽃받침)에 실을 칭칭 매어 바람 잘 통하는 그늘에 줄줄이, 뒤룽뒤룽 매달고는, 고운 때깔 나게 하고 곰팡이의 번식을 못 하게끔 유황(硫黃)을 태워 쐬니 유황 훈증이다. 헌데 '곶감'은 '꼬챙이에 꽂아서 말린 감'을 뜻하니, '곶다'는 '꽂다'의 옛말이란다. 그리고 "우선 먹기는 곶감이 달

생명의 이름

다."고 하는데, 이는 많이 먹으면 타닌 탓에 변비로 고생한다는 말씀.

한 보름 지나면 말랑말랑하고 입에 짝짝 감기는 반시(半柿)가 되고, 이때쯤 꽃받침을 떼고는 둥글납작하게 손질하여 굳어지게끔 바람에 말리니 한 달포 지난 것이 건시(乾柿)요, 오래된 건시에 핀 하얀 가루분은 포도당과 과당이 6 대 1로 들었다고 한다. 근데 숙취(熟醉)하면 입에서 홍시 냄새가 나는데, 우연하게도 숙취(宿醉) 깨는 데는 홍시가 으뜸 가니 포도당이 많이 든 탓이다.

그런데 요상하게도 감의 씨를 심은 자리에 떡하니 고욤이 싹트고, 귤 씨앗에서는 탱자나무, 배 종자에서 돌배가 난다. 과육(果肉)은 씨방의 돌연변이로 한껏 부풀어 커졌지만 씨를 맺는 밑씨는 변함없이 고욤, 탱자, 돌배라는 야성을 대물림한다.

삶에 휴식이 있어야 하듯이, 감나무도 이해 감이 열리면 이듬해는 쉬는 해거리를 하였는데, 요샌 퇴비 거름 실컷 주고 살충제를 치는 까닭에 도통 해거리가 없다. 암튼 가지가지에 주렁주렁 한가득 매달린 진분홍빛 감나무에서 가을의 풍성함을 흠뻑 느끼고, 우듬지에 달려 있는 너더댓 개의 까치밥에서 아름다운 나눔의 덕행(德行)을 깨닫는다.

살살이꽃의 추억

코스모스, *Cosmos bipinnatus*

"코스모스 한들한들 피어 있는 길 / 향기로운 가을 길을 걸어갑니다 / 기다리는 마음같이 초조하여라 / 단풍 같은 마음으로 노래합니다." 한때 즐겨 따라 불렀던 김상희의 「코스모스 피어 있는 길」이다. 그 고왔던 가수 목소리가 막 들려오는 듯하다.

멕시코가 원산지인 코스모스(cosmos)는 외래종(귀화 식물)으로 국화과(科)의 한해살이풀이며 여러 변종이 있다 한다. 국화과 식물은 쌍떡잎 식물 가운데 가장 진화된 식물로 전 세계에 2만여 종이, 한국에는 가을꽃인 국화, 해바라기, 돼지감자(뚱딴지), 도깨비바늘, 취나물, 엉겅퀴, 민들레, 쑥부쟁이 등 390여 종이 자생하며, 난초과 다음으로 종(種)이 많다고 한다.

코스모스는 꽃대 꼭대기에 여러 꽃이 뭉쳐나는 머리꽃(두상화(頭狀花)

생명의 이름

는 앞에서 보았다.)으로 6~10월에 피고, 올망졸망 줄기 끝에 한 개씩 달린
다. 분홍색, 흰색, 붉은색 꽃이 주를 이루지만 드물게 돌연변이 종인 노
랑 코스모스도 있다 한다. 또 머리를 계속해서 가볍게 흔드는 것을 살
살거린다 하는데, 코스모스의 우리말이 '살살이꽃'인 것은 꽃이 바람
에 한들한들, 살랑(살살)거린다는 뜻이 들었을 터이다. 꽃말은 '순정(純
情)'이다.

　살살이꽃은 꽃잎이 몇 장일까? 쌍떡잎식물은 꽃잎이 4와 5의 배수
이고, 외떡잎식물은 3의 배수인데, 살살이꽃은 머리 바깥 언저리에 여
덟 장의 혓바닥 닮은 혀꽃과 그 안에 촘촘히 박힌 노란 대롱꽃으로 되
어 있다. (혀꽃과 대롱꽃은 각각 설상화(舌狀花)와 관상화(管狀花)라는 한자어도 있다.)

　혀꽃은 머리 가장자리에 삥 둘러 난 것으로 꽃잎 끝이 톱니 모양으
로 얕게 갈라지고, 눈부시고 예쁘장하지만 외려 씨를 맺지 못하는 불
임성(不稔性)으로 중성화(中性花) 또는 무성화(無性花)라고 부르는 헛꽃(낭
화(浪花)라고도 한다.)이다. 또한 가운데 한가득 도사리고 있는 대롱꽃은 영
꼴같잖고 볼품없는 자잘한 꽃이지만, 이들은 암술·수술이 있어 씨를
맺는 양성화(兩性花)로 참꽃(진짜 꽃)이다. 고운 꽃은 불임이지만 밉살스러
운 것들은 임성(稔性)으로 종자를 맺는다!

　종족 보존의 비원(悲願)이라니! 꽃은 이울어도 열매는 남는다. 영근
코스모스 열매 한 송이에 달린 종자를 일부러 일일이 헤아려 봤더니
만 평균하여 40개 남짓 들었더라. 이 씨알 하나를 심으면 과연 몇 톨의
씨가 또 맺힐까. "사과 한 알 속에 든 씨는 바보도 셀 수 있지만 씨앗 속

에 든 사과는 신(神)만이 헤아릴 수 있다."고 하였지.

늙으면 친구보다 추억이 더 좋다고 하던가. 학교가 끝나자마자 철딱
서니 없는 또래들 몇이 학교 뜰의 어린 살살이꽃 꽃망울을 한가득 따
호주머니에 넣고 하굣길에 든다. 진주(晉州)의 큰 거리 왼쪽은 진주 고
등학교 학생들이, 오른쪽은 여고생들이 쭉 줄지어 갔는데, 우리는 엇질
러 오른편 길로 새치기한다. 두 가랑이로 갈라땋은 돼지꼬리 닮은 갈
래머리 사이에다 망울을 꼭, 꼭 눌러 물총을 쏜다. 그럴라 치면 고개를
홱 뒤로 제치고, 가자미눈을 한 여학생들이 "문디 자슥들 지랄한다."고
욕질한다. 그래도 그 욕설이 어찌 그리도 흐뭇하였던지…… 이제 그녀들
도 칠십 중반을 넘어 팔십 줄에 접어들었겠지. 아, 세월도 무상하여라.

　　　　　　　　　　　　　　　　생명의 이름

늙는 길 가시로 막고,
오는 백발 막대로 치려 드니

노화, aging

"오는 백발 지는 주름 / 한 손에 가시 들고 또 한 손에 막대 들고 / 늙는 길 가시로 막고 오는 백발 막대로 치려 드니 / 백발이 제 먼저 알고 지름길로 오더라." 고려 후기의 유학자 우탁(禹倬, 1262~1342년) 선생이 읊은 늙음을 탄식하는 그럴듯한 「탄로가(歎老歌)」다. 생로병사의 사고를 뉘라서 피할쏜가. 생로병사 말고, 이른바 늙은이들의 사고(四苦)를 병고(病苦), 빈고(貧苦), 고독고(孤獨苦), 무위고(無爲苦, 아무 할 일이 없어 느끼는 괴로움)라 하는데 세월이 게눈 감추듯이 흘러 막상 부딪혀 보니 그럴듯한 말이다. 암튼 기신기신 늙는 것이 더없이 서러워라.

그런데 나 남 할 것 없이 불로장생하겠다고 떼 욕심을 부리는데, 목숨은 숨 한 번 내쉬고 들이쉬고 할 사이(호흡지간)에 있다 하고, 어쩜 문지방만 넘으면 저승인 것이더라. 정말이지 100년을 산다 해도 고작 3만

6500일인 것을. 헌데 오랜 삶은 욕됨이요, 죗값을 해야 한다 하니 건강하게 살다가 짚불 꺼지듯 슬며시 고종명하면 바랄 나위 없겠다. 선생복종(善生福終)해야 하겠다. 비움과 놓음, 썩힘과 하심이여! 늙정이의 넋두리가 길었다.

늙음의 원인에 관하여는 의견이 분분하여 꼭 꼬집어 이렇다고 하기 어려우나, 일반적으로 유전자 시계 가설과 핵산 마멸 가설, 활성 산소의 세포 산화로 설명한다. 첫째, 유전자 시계 가설(遺傳子時計假說)은 말 그대로 노화와 죽음은 유전적(선천적)으로 정해진 시한이 있다는 것으로, 세포 안에 나름대로 모래시계를 가지고 세포 분열 횟수가 정해져 있다는 주장이다. 태아 세포를 조직 배양하였을 때 70여 번 세포 분열을 하는 데 반해서, 70세 노인의 세포는 20~30번 분열을 하고 말더라고 한다지. 제아무리 건강을 잘 관리해도 한계가 있다는 말이며, 오래 살고 싶으면 장수 집안에 태어나라 함이라.

둘째, 핵산 마멸 가설(核酸磨滅假說)이다. 세포가 분열하려면 염색체가 늘어나면서 그 염색체를 구성하는 핵산(DNA)도 따라서 복제해야 하는데, DNA 복제가 여러 번 연이어 일어나다 보면 가닥 끝자락인 말단소체(텔로미어(telomere)라고 한다.)가 구두끈이 닳아빠지듯이 줄어들어 나중에는 복제를 멈추면서 세포가 생명력을 잃는다는 것이다. 이렇게 생명을 담보하고 있는 DNA가 자외선, 방사선, 화학 물질 등에 노출되어 손상을 입기도 하니 그것들이 세포를 죽이고 고비늙게 한다지.

끝으로 세포 호흡 과정에 생기는 산소 유리기(酸素遊離基)가 세포를 상하게 하거나 죽인다는 주장이다. 과유불급(過猶不及)이라지. 산소도 과해도 탈, 모자라도 탈인 양날의 칼이요, 야누스의 두 얼굴인 것이다. 불안정 상태에 있는 산소 유리기인 활성 산소(活性酸素)는 세포 속 미토콘드리아의 대사 과정에서 생성된 것으로, 매우 산화력이 강하여 어처구니없게도 제 세포의 단백질을 변성시키고 DNA의 염기를 변형시키므로 세포 기능을 잃거나 변질시키면서 돌연변이인 암이 생기고, 생리적 기능이 저하되어 각종 질병과 노화를 촉진시킨다고. 이렇게 무서운 활성 산소를 없애 주는 항산화 물질(抗酸化物質)로는 녹차의 폴리페놀, 잎이나 과일에 든 안토시아닌, 비타민 C, 비타민 E, 베타카로틴 등이 있다. 그러므로 과실과 푸성귀를 많이 먹으라고 하는 것이다. 재언하면, 젊어서는 환경, 섭생, 생활 습관 들이 중요하지만, 노년의 고갯마루에 이르면 내림 물질인 '유전자'의 손에 목숨의 길이와 질이 매였다는 것이다.

그런데 '프로기즘(frogism)'이라는 말이 있다. 늙을수록 사람의 온기나 정이 그리워 어울리려고 하는 원초적 본능을 이르는 말로, 봄여름에 따로 살던 개구리(frog)들이 한데 몰려들어 겨울잠을 자는 자연 현상에 빗댄 것이라 한다. 늙으면 가족도 중하지만 친구가 중요하다는 연구가 있다 하니, 적극적이고 긍정적으로 살면서 우정지수(友情指數)도 높여야겠다. 일체유심조(一切唯心造)라고, 노화도 자기 마음에 매였다는 것이겠지.

잘 아시듯 조지 버나드 쇼(George Bernard Shaw)의 묘비명(墓碑銘)이 "이

럭저럭 살다 내 이렇게 될 줄 알았다. (I knew if I stayed around long enough, something like this would happen.)"이고, 바로 그 옆 묘비명에는 "다음은 당신 차례."라고 쓰여 있더라고.

144킬로미터 적혈구의 여행

적혈구, red blood cell

혈액은 혈장(血漿) 55퍼센트와 혈구(血球, 적혈구와 백혈구, 혈소판으로 이루어 져 있다.) 45퍼센트 비율로 모인 것으로, 전자는 91.5퍼센트 이상이 물이 지만 포도당과 아미노산, 지방산, 무기 염류, 비타민, 호르몬, 항체 들이 녹아 있고, 특히 7퍼센트나 되는 단백질 때문에 맹물보다 5배 남짓 점 도(粘度)가 높을뿐더러 0.9퍼센트인 생리 식염수의 농도와 얼추 같다. 그러므로 "피는 물보다 짙다."는 것이고, 일가붙이끼리는 살갑게 피가 통하고 켕긴다.

아무튼 피는 생명 그 자체라, 핏줄을 통해 수시로 온몸을 돌면서(대 동맥에선 초속 40센티미터로 흐른다.) 힘겹게 새뜻한 산소와 영양소를 앞앞이 대 주고, 이산화탄소와 요소, 젖산 등 노폐물을 신장(콩팥)에서 배설케 한다. 심장을 떠난 세찬 핏줄기가 전신을 돌고 다시 제자리로 되돌아오는 데 채 1분이 안 걸리며, 적혈구 하나가 일평생 내리 144킬로미터를 냅다 돌아 댄 셈이다.

피가 물보다 걸쭉한 것엔 피톨도 한몫을 한다. 사람의 적혈구(붉은피톨)는 가운데가 옴팡한 것이 도넛 꼴인데, 지름 6.2~8.2마이크로미터, 두께 2~2.5마이크로미터, 우묵한 한복판은 0.8~1마이크로미터로, 더디디더디게 초속 0.03센티미터로 겨우겨우 삐뚤거리며 모세혈관(실핏줄)을 빠져나간다. 그리고 적혈구는 체세포의 1/4에 해당하는 약 25조 개가 되고, (피 한 방울에 물경 3억 개가 들어 있다.) 전체 적혈구를 이어 줄을 세워 보면 그 길이가 거의 17만 킬로미터에 달하며, 더군다나 총면적은 거반 3,200제곱킬로미터에 달한다고 한다. 정녕 적혈구 하나도 적이 놀랍고 자못 예사롭지 않구나.

그리고 적혈구는 다른 포유동물이 다 그렇듯, 골수에서 만들어질 때는 알찬 핵(核)이 있으나 성숙하면서 핵을 잃고 대신 그 자리에 헤모글로빈(hemoglobin)이 들어찬다. 적혈구의 1/3을 차지하는 헤모글로빈은 산소 98퍼센트를 운반하기에 결국 핵이 없어진 것은 되레 유리한 적응이라 하겠다. 게다가 적혈구에는 이례적으로 딴 세포들이 죄다 갖는, 산소 호흡하는 미토콘드리아(mitochondria)가 없기에 막상 자기는 산소를 쓰지 않는다. 그래서 적혈구는 산소 없이도 죽지 않기에 섭씨 4도의 냉장고에서도 한 달포 넘게 보관한다.

그렇다면 피는 왜 붉은가? 적혈구의 혈색소 헤모글로빈은 헴 단백질과 철(Fe) 원소가 결합한 것으로, 체내의 2.5그램 정도 되는 철분 중에서 65퍼센트는 헤모글로빈에 들어 있다. 피가 붉은 것은 궁극적으로 헤모글로빈 철분이 산화(酸化)한 탓이다. 늙는 것을 녹스는 것이라 하는데, 헤모글로빈에는 산소가 연신 붙었다가(포화) 떨어졌다(해리)를 갈마드는 데 반해 녹슨(산화된) 쇠는 그렇지 못하다.

요컨대 적혈구의 임무는 애오라지 산소 결합이다. 적혈구 헤모글로빈은 물보다 60~65배 손쉽게 산소(O_2)와 결합하는 데 반해, 산소보다는 일산화탄소(CO)와의 결합력이 얼추 250배나 더 세다 하니 그것이 가스 중독으로, 번개탄을 피워 스스로 목숨을 끊는 데도 쓴다.

세상에 생멸생사(生滅生死)하지 않는 것이 없으매, 적혈구는 1초마다 200만~300만 개가 죽고 그만큼 신생한다. 특별히 두개골과 척추, 골반, 팔다리뼈 등 큰 뼈다귀에서 만들어지고, 100~120일간 살다가 목숨 거두면 간, 지라(비장), 림프절에서 고스란히 파괴, 분해되면서 부산물인 빌리루빈(bilirubin) 색소가 만들어진다. 그것이 소장으로 빠져나간 것은 대변 색을, 신장에서 내려 보내진 것은 소변 색을 결정한다.

생자필멸(生者必滅)이라, 그토록 더없이 선연(鮮妍)하였던 붉은피톨도 어느덧 명을 다하고 나면 급기야 싯누런 시체덩이인 빌리루빈으로 변해 가뭇없이 똥오줌을 물들이고 말더라! 여태 본 것처럼, 적혈구 하나만도 이럴진대……. 참 신비스러운 우리 몸이로다!

백혈구, 하해와 같은 은혜

백혈구, white blood cell

앞에서 논하였던 적혈구 이야기를 간추려 보면, 적혈구(赤血球, red blood cell)는 핵이 없이 가운데가 움푹한 도넛 꼴이고, 지름 6.2~8.2마이크로미터로 산소 운반이 주된 임무이며, 헤모글로빈의 산화된 철분 탓에 붉고, 수명은 120여 일로 대소변의 누르스름함은 적혈구 분해 산물인 빌리루빈 탓이라 하였다.

그런가 하면 백혈구(白血球, white blood cell)는 혈액 세포(피톨) 중 적혈구와 혈소판을 제한 나머지 피톨을 말하고, 혈액을 원심 분리하면 위(혈장)층과 아래(적혈구)층 사이에 백혈구가 모인 뿌유스름하고 얇은 '연막(軟膜, buffy coat)'이 생기니, 이것을 보고 '백혈구(흰피톨)'라 부르게 되었다.

전체 피의 1퍼센트를 차지하는 백혈구는 병균을 처치하고 상처를 치료하며, 종양 세포나 이물질을 포식(捕食)하고, 혈관 벽을 빠져나가며,

아메바를 닮았고, 화학 주성(化學走性)으로 부스럼이나 상처 난 곳을 찾아간다. 또 1개 또는 3~5개의 이파리 모양의 세포핵이 있고, 크기는 적혈구의 2배가 넘으며, 혈액 1세제곱밀리미터당 7,000여 개가 들었고, 수명은 3~4일에 지나지 않지만 병균과 전투 시에는 고작 2~3시간을 산다.

백혈구는 탐식 세포(貪食細胞)와 면역 세포(免疫細胞)로 나뉜다. 골수에서 만들어지는 백혈구는 리소좀 과립(알갱이)이 있는 과립구(顆粒球)와 알갱이가 없는 단구(單球)로 나뉘며, 전자는 염색성에 따라서 호중구(好中球), 호산구(好酸球), 호염구(好鹽球)로 나뉜다. 그중 백혈구의 62퍼센트를 차지하는 호중구는 세균, 곰팡이, 바이러스 감염에 동원되며, 잡아먹은 병균과 스스로 죽은 시체가 쌓인 것이 고름이다. 호산구는 천식 같은 알레르기 반응에 관여하며, 호염구는 히스타민(histamine)을 분비하여 혈관을 확장시킨다. 또한 단구는 단핵 세포로 호중구와 마찬가지로 살기등등한 병균들을 만나는 족족 가차 없이 잡아먹으며, 염증이 난 곳으로 이동하면서 먹성 좋고 포시러운 대식 세포(大食細胞)로 탈바꿈한다.

그리고 전체 백혈구의 30퍼센트나 되는 면역 세포인 림프구는 흉선, 지라, 림프샘에서 생성되고, 항체를 생산하는 B 림프구와 면역 반응을 일으키는 T 림프구, 바이러스에 감염된 세포나 암세포 따위를 직접 잡아 죽이는 살상 세포 등 셋으로 나뉜다. 면역 세포가 굳건해야 암에도 걸리지 않는다는 말씀.

자, 이제 가시에 찔렸거나 손가락을 베였다 치자. 요란법석, 난리굿이 난다. 먼저 혈액 응고 반응으로 구멍을 틀어막고, 딴죽 거는 침입자를 아예 맥 못 추게 발열 인자가 열을 바짝 올리며, 백혈구를 마구 늘린다. 또 다친 세포들이 류코탁신(leukotaxine)을 분비하여 혈관 투과성을 높여 주어 호중구, 단구가 모세혈관을 통과해 전장(戰場)으로 득달같이 달음질한다.

호중구들이 하루 이틀 고군분투하며 의연히 버티는 동안, 어느새 상처 세포에서 보낸 구조 신호를 받은 단구가 들입다 앞다퉈 달려오면서 대뜸 대식 세포로 변형한다. 원생동물의 아메바 닮은 먹새 좋은 대식 세포의 허족(헛발)에 걸려든 병원균, 상처 세포, 이물질 등은 리소좀(lysosome)에 든 리소자임(lysozyme) 효소에 스르르 녹으니 이른바 식균 작용(食菌作用)이다. 그러면서 생장 호르몬 등 여러 인자가 실핏줄을 새로 만들고, 생딱지를 만들며, 새삼 새살이 차면서 상처가 아문다.

여태 간략하게 말한 백혈구 이야기는 전체 것의 100분의 1도 채 못 된다. 당차고 오달진 백혈구들의 피 말리는 살신성인의 희생이 없었다면 어쩔 뻔하였나. 멀쩡하게 살아 있는 것만도 기적인데……. 쉴 겨를 없이 애쓰는 우리 몸 지킴이, 든든한 흰피톨의 하해와 같은 은혜도 모르고 사는 바보 천치다.

실로 위대한 난자로세!

난자, ovum

뜬금없는 소리로 들리겠지만 먼 옛날엔 난자와 정자가 생명의 축소판으로 그속에 모든 기틀이 들었다고 여겼다. 즉 생물체가 알에 들어 있었다는 난원설(卵原說)과 정자에 있다는 정원설(精原說)을 믿었지만 뒷날 둘이 합쳐 한 생물이 됨을 알았다.

인체 세포 중에서 가장 큰 난자(卵子, ovum)는 제일 작은 축에 드는 정자(精子, sperm)에 대응하는 자성 배우자(雌性配偶者)로 여성 생식 세포를 일컫는다. 성숙란은 똥그랗기에 아주 적은 표면적으로 매우 많은 부피의 세포질을 담을 수 있다. 난자는 세포막(난막(卵膜)이라고도 한다.), 난세포질, 난핵으로 되어 있고, 난세포질에는 소량의 노른자위(난황(卵黃))와 인(仁, 알갱이란 뜻이다.), 미토콘드리아, 골지체, 리보솜, 소포체, 리소좀 등등의 모든 세포 소기관(細胞小器官)이 들어 있다. 포유류는 모체에서 양분을

생명의 이름

얻는 태생이기에 난황이 아주 적지만 나머지 동물들은 스스로 발생해야 하기에 달걀처럼 노른자위가 엄청 많다.

난자 지름은 0.15밀리미터 내외로, 이를테면 보통 활자의 온점보다 작아 현미경의 도움 없이도 맨눈으로 가까스로 보인다. 또한 난자는 정자 부피의 약 10만 배이고, 난자가 운동성이 없는 것과는 달리 정자는 활발히 움직인다. 그런데 그 작은 난자핵을 빼 없애고 거기에 체세포의 핵을 옮겨 심어 줄기세포(stem cell)를 만든다니 할 말을 잃는다.

난자 언저리를 당단백질로 된 질기고 맑은 투명대(透明帶)와 수많은 과립세포가 담벼락처럼 잇대어 뺑 둘러싼다. 이들은 수정란이 세포 분열(난할(卵割)이라고도 한다.)하면서 늘어나는 세포(할구(割球)라는 한자어도 있다.)가 알 밖으로 비어져 나가는 것을 막으며, 오직 한 개의 정자만 들게 하는 문지기 몫도 한다.

난자는 난소(卵巢, 알집)의 난모세포, 정자는 정소(精巢, 정집)의 정모세포가 감수 분열로 생겨나므로, 난자·정자의 염색체는 각각 반수(23개)이다. 그리고 놀랍게도 여아(女兒)는 이미 난소에 자식이 될 생식 세포를 점지해 가지고 태어난다! 태아 때는 어림잡아 700만 개의 난모세포(卵母細胞)를 가지지만 출생 무렵에 100만~200만 개로 줄고, 장성하여 초경 즈음엔 30만 개로 내린다. 그중에서 평생 고작 300~400개 남짓만 난자가 되고, 또 그 가운데에서 수정하여 아기가 되는 것은 두셋이고 나머지는 홀알(미수정란)로 흘려버려지고 만다.

난자는 두 난소에서 다달이 28일여 주기로 달거리 전후 14일경에 번

갈아 하나씩 배란(排卵)되고, 배란 후 24시간 후엔 생명을 잃기에 서둘러 수정되어야 한다. 정자는 일생에 5000억 개 넘게 만들어지지만 난자는 초경부터 폐경까지 긴긴 시간을 마냥 난소에 머무는 30만 개의 난모세포에서 생긴다. 난자에는 난막, 난핵, 세포질, 세포 소기관들이 빠짐없이 두루 들어 있지만 정자에는 염색체(유전자, DNA)를 담은 정핵과 꼬리(편모), 편모 운동에 힘을 대는 극소량의 미토콘드리아뿐이다. 따라서 우리 몸 세포는 정자의 유전 물질(23개의 염색체)을 빼고는 죄다 난자에서 비롯된 것이다. 실로 위대한 난자로군!

초속 1~3밀리미터, 정자의 헤엄 솜씨

정자, sperm

씨는 못 속인다. 내림으로 이어받는 집안 내력은 숨길 수 없다. 남성의 생식 세포를 정자(精子, sperm) 또는 정충이라고 부르며, 보통 '씨'라 한다. 천생 올챙이를 닮은 정자는 길이가 0.05밀리미터로 두부와 중편, 미부로 나뉜다. 둥그스름한 머리(정핵)에는 염색체 23개가 들어 있고, 머리의 앞쪽 바깥을 넓게 둘러싼 첨체(尖體)는 난막을 녹이는 가수 분해(소화) 효소를 품었다. 짧은 중편에는 배 발생에 필요한 중심립(中心粒)과 당분을 산화하는 미토콘드리아가 자리한다. 가는 꼬리(편모)는 미토콘드리아에서 얻은 에너지를 써서 1분에 1~3밀리미터 빠르기로, 아스라이 먼 자궁관팽대에 있는 난자까지 허겁지겁 거슬러 헤엄친다.

정자는 두 개의 고환(睾丸), 즉 정소(精巢, testis)의 정세관(精細管)에서 만들어지고, 고환을 순우리말로는 불 또는 불알이라 부른다. 불은 정자를 형성하는 외분비기관이면서 남성호르몬 테스토스테론(testosterone)을 만드는 내분비기관이기도 하며, 형성된 정자는 정세관주머니나 부고환(副睾丸)에 저장된다.

　정자는 사춘기부터 죽을 때까지 1초에 1,000여 마리씩 만들어지고, 앞의 「실로 위대한 난자로세!」에서 "평생 5000억 마리를 만든다."고 하였는데 다른 기록에는 놀랍게도 12조 개라고 쓰여 있다. 암튼 온통 지천으로 흩날리는 봄 소나무의 송홧가루를 떠올리게 하는 정충이다! 그리고 한번 사정에 정액 2~5밀리리터 정도 분비되고, 1밀리리터에 정자 4000만~6000만 마리가 들어 있다. 헌데 정액 1밀리리터당 1500만 마리보다 적으면 정자 부족증이고 정자가 없으면 무정자증이다.

　또한 밤꽃 냄새(스퍼민, spermine) 나는 정액(精液, semen)은 주로 전립선(前立腺)과 정낭(精囊)에서 분비되는데, 정자의 운동 에너지원이 될뿐더러 알칼리성으로 산성인 수란관을 중화시켜 정자를 줄곧 건강하게 보호해 준다. 따라서 정자는 여성 나팔관에서 길게는 5일여를 내내 멀쩡하게 산다.

　불알주머니 음낭(陰囊, scrotum)은 정소를 감싸고, 땀샘이 많아 늘 축축하여 체온보다 섭씨 1~2도가 낮다. 그보다 높거나 너무 낮으면 정자 수가 줄어들므로 더우면 고환이 축 처지고 추우면 바싹 치켜 달라 붙는다. 거참, 자동 온도 조절기가 따로 없네. 한편 고환이 배안(복강)에 머물러서 불알이 만져지지 않을 때를 잠복 고환(潛伏睾丸)이라 이른다. 고환은 늦어도 생후 7개월이면 음낭에 있어야 하는데, 복강에 머물면 정충 생성 조직이 변성되어 불임이 된다. 때문에 늦어도 두 살 전에 고환을 음낭으로 내려 잡아당겨 주는 수술을 해 줘야 한다.

알다시피 염색체 23쌍 중 성염색체 X, Y가 성을 결정지으니 XX형은 여자, XY형은 남자다. 다시 말해 난모세포(44+XX)와 정모세포(44+XY)의 감수 분열로 난자는 오직 '22+X'만, 정자는 '22+X'와 '22+Y' 두 가지가 생긴다. 하여 난자(22+X)와 '22+X' 정자가 수정하면 '44+XX'로 딸(♀)이고, '22+Y' 정자와 정받이하면 '44+XY'인 아들(♂)이다. 하여 Y 염색체는 아들을 점지할뿐더러 할아버지에서 아버지, 손자로 내리 전해지는 부계 유전을 한다. 늙어 보니 알게 모르게 손자를 통해 허허로운 말년을 이겨 내려는 조부의 속마음을 알겠더라.

5억 중에 1등, 천우신조라

수정, fertilization

앞에서 난자와 정자를 논하였으니, 이제는 수정(受精, 정받이)을 이야 기할 차례다. 수정이란 반수체(n)인 난자·정자가 랑데부 하는 것으로, 염색체(유전자)가 2배체(2n)로 복원되는 과정이기도 하다. 나팔관(난관(卵管)이라고도 한다.)이 부푼 팽대부(膨大部)에 배란된 난자는 24시간 안에 배 필을 만나야 하기에 오매불망 애를 태운다. 요염한 난자가 냄새 물질인 수정소(受精素)를 풍기니, 정자들이 엇길로 가지 않고 난자 쪽으로 우르 르 모여드는 것이 양성 주화성(陽性走化性)이다. 사정 후 엎치락뒤치락 안 간힘을 다해 난자를 향해 잰걸음으로 달려 20여 분 후면 간신히 난자 에 당도한다.

인해전술이 따로 없다. 정자가 난자를 찾아가는 여정이 순탄스럽지 만은 않다. 가능한 난자 가까이 뿌려진 3억여 마리(사람에 따라 5억 마리에 달

생명의 이름

하기도 한다.)의 정자는 초장부터 수많은 희생자를 내니, 외부 미생물을 막기 위해 산성을 띠고 있는 질(膣)의 점액에 마구 죽어난다. 정자 3억 중에서 1,000여 마리가 천신만고 끝에 난자 가까이 도착하지만 실제로 수십 마리만 기를 쓰고 실전에 돌입한다.

그중 정자 한 마리와 합이 맞아 맞닿는 순간 갑자기 난자에 단단한 수정막(受精膜)이 형성되어 다른 정자들이 들지 못하게 막는다. 그리고 난자는 전기 신호를 보내고, 닿은 자리가 볼록 솟아올라 뚫기 쉽게 도와주고, 정자는 첨체를 터뜨려 효소를 분비하여 투명대를 녹인다. 두드려도 열리지 않는다.

드디어 정자 꼬리와 미토콘드리아는 떨어져 나가고 오직 정핵만 속으로 들어간다. 정핵은 난핵을 향해 180도를 빙 돌아 달에 우주선이 도달하듯이 접근하여 난핵과 융합하니 이를 수정이라 하고, 이렇게 정핵과 난핵의 염색체가 합쳐져 46이 되니 수정란(受精卵)이다. 아무튼 난자가 품어 성공한 정자는 오직 하나, 3억 대 1이란 로또보다 어려운 확률이다!

수정란은 드디어 난할(卵割)을 시작하면서 나팔관 내벽의 섬모 도움을 받아 자궁 쪽으로 이동한다. 난할은 세포 성장 없이 세포 분열만 일어나므로, 난할이 진행될수록 세포질은 반으로 줄지만 모든 세포의 핵은 그대로 제각각 46개의 염색체를 갖는다.

처음엔 난할이 느려서 8세포(할구(割球)라고도 하는데 앞에서 살펴본 바 있다.)가 될 때까지는 각각 12~13시간이 소요된다. 할구가 16~32개 정도인

상실배(桑實胚)를 지나, 4~5일이면 할구가 128개가 되는 포배(胞胚)가 되면서 난할은 끝나고 마침내 자궁에 도달한다. 자궁벽에서 2일간 둥둥 떠 있는 상태로 머물다가 드디어 자궁벽을 뚫고 착상(着床)한다. 그런데 2세포기에 우연히 할구가 둘로 잘라져서 독립적으로 발생하니 그것이 일란성 쌍생아이고, 난자 둘이 배란되어 모두 수정된 것이 이란성 쌍둥이다.

그리고 줄기세포(stem cell)란 포배(胞胚)에 해당하는 배반포(胚盤胞, blastocyst) 단계의 배아(胚芽, embryo) 안쪽 세포 덩어리(inner cell mass)를 분리시킨 것이다. 이것은 분화 능력은 있으나 아직 분화는 일어나지 않은 '미분화' 세포로 적절한 조건을 맞춰 주면 다양한 조직 세포로 분화가 가능하다.

우리는 3억~5억 중에 1등 하여 천우신조(天佑神助)로 고맙게도 태어났다. 기적이 따로 없다. '신체발부 수지부모 불감훼상 효지시야(身體髮膚 受之父母 不敢毀傷 孝之始也)'라, 우리 몸은 부모로부터 받은 것이니 다치지 않게 하는 것이 효도의 시작이다. 그 고마운 몸을 어찌 감히 해치고, 스스로 목숨까지? 그러지 말라, 결코 내 몸은 내 몸이 아니로다.

생명의 이름

피는 못 속인다더니

유전 인자, gene

어버이의 성격이나 체질, 생김새 따위의 형질이 자손에게 물림하는 것을 유전이라 한다. 그 개념은 1860년경에 멘델이 제창한 '멘델 유전 법칙'에서 처음 언급되기 시작하였으며, 그뒤 DNA가 알려지면서 더욱 구체화되었다. 유전 인자(遺傳因子) 'gene'은 그리스 어로 '탄생(birth)', '근원(origin)'이란 뜻으로 생물체의 분자적 유전 단위인데, 이는 색맹 유전자, 지능 유전자, 문화 유전자, 과학 유전자 등으로 쓰인다. 아무튼 어느 집안이나 나름대로 면면히 흐르는 내리물림의 내력이 있으니 이른바 유전 인자 때문이다.

사람 유전 인자도 핵에 있는 염색체의 DNA에 존재하고, 몇 번 염색체의 어느 자리에 무슨 병을 유발하는 어떤 유전자가 있는지도 알게 되었다고 하였다. 유전자란 'DNA 분자의 작은 한 토막(a snippet of DNA molecule)'인데, 결국 한 세포의 세포핵에 든 2미터의 DNA를 몽땅 2만 동강(사람 유전자는 2만여 개이므로)을 낸 것이 한 개의 유전자가 되는 셈이다. 또한 세포 하나하나에 똑같은 유전 물질이 들어 있기에 체세포 하나로 복제양 돌리(Dolly)를 만들었고, 마음만 먹으면 지금 당장 복제 인간도 가능하다. 일란성 쌍둥이의 유전 물질이 같은 것도 그런 탓이다.

그리고 DNA(유전 정보)가 RNA에 옮겨지는 전사(轉寫) 뒤에 RNA들의 번역(飜譯)을 거쳐 아미노산을 단백질로 바꾸는데, 단백질들의 생리 작용으로 유전자 효과가 나타나는 것을 유전자 발현이라 한다. 말인즉슨 유전자에 따라 단백질의 성질, 종류가 결정 난다는 것. 그런데 생명의 핵심인 DNA(유전자) 손상이나 염기 서열에 말썽이 나는 날엔 이상한 단백질이 만들어져 세포가 죽거나 돌연변이가 생긴다.

더하여, 혈연 관계인 사람을 일러 겨레붙이나 피붙이, 살붙이라 한다. 혈연적인 원근에 따라 끌림이나 당김의 정도가 다르니 이를 '근연도(近緣度, degree of relatedness)'라 하는데, 딴말로 친족 관계에 있는 두 사람이 유전자를 공유할 확률을 이르는 것으로 '혈연도(血緣度)'라고도 하며, 이는 곧 부모로부터 자손에게 동일한 대립 유전자(對立遺傳子)가 유전될 가능성을 뜻한다. 또한 "한 마당에 10촌 난다."고 하지만 "한 대가 삼천리"라고 한 대씩 내려갈 적마다 유전자의 농도는 가차 없이 반반 엷어진다.

근연도는 복잡한 공식으로 계산하는데, 부모 자식 간에는 유전자(DNA, 피)가 반반씩 섞이므로 1/2(50퍼센트)이다. 또 삼촌(외삼촌)·고모(이

모)와 조카, 조부모(외조부모)와 친손주(외손주)는 1/4(25퍼센트), 증조부모와 증손은 1/8(12.5퍼센트)이다. 그리고 일란성 쌍둥이는 서로 1(100퍼센트)이고, 형제자매 간에는 1/4(25퍼센트), 사촌 1/8(12.5퍼센트), 5촌 1/16(6.25퍼센트), 6촌 1/32(3.13퍼센트), 7촌 1/64(1.56퍼센트), 8촌 1/128(0.78퍼센트), 9촌 1/256(0.39퍼센트), 10촌은 1/512(0.20퍼센트)이다. 막 하는 욕으로 "그래 인마, 너하고 10촌 넘었다."고 하는데 꽤나 생물학적인 근거가 있다 하겠다. 그리고 사람 유전자와 침팬지는 근 1퍼센트, 남녀는 0.1퍼센트가 다르다고 한다. 이렇듯 무촌인 부부 간에도 유전자가 차이 나니, 남이 나와 같기를 바라지 말 것이다.

우리 몸에 새겨진 김치 DNA

배추, *Brassica rapa* var. *glabra*

겨우내 먹을 김장하느라 집집마다 온통 북새통이다. 김장은 침장(沈
藏)에서, 김치도 침채(沈菜)에서 딤채, 김채를 거쳐 김치로 바뀌었다고 한
다. 금강초롱이나 열목어가 한국 특산종이듯 김치도 우리 고유 음식이
며, 김치 발효의 주인공은 세균(박테리아)의 일종인 유산균(乳酸菌, 젖산균)
들이다.

김치 품앗이는 우리의 전통이다. 김칫거리는 배추나 무가 주지만 열
무, 부추, 양배추, 갓, 파, 고들빼기, 씀바귀 등 70가지가 넘는다고 한다.
무를 숭덩숭덩 썰어 채를 치고, 마늘, 부추, 파, 생강, 고춧가루, 소금, 간
장, 식초, 설탕, 조미료 등등 갖은양념은 기본이고, 곁들여 아미노산이
그득한 멸치젓, 어리굴젓, 새우젓에, 비타민 E, 무기 염류가 담뿍 든 호
두, 은행, 잣, 홍시 같은 과일류와 갈치, 생태, 대구, 가자미 생선에 쏜 풀

까지 넣는다. 김치는 마냥 푸성귀 절임 정도가 아니고, 고른 영양소에 유산균까지 망라한 종합 영양 식품으로 세상 사람들이 홀딱 반하였다.

통배추의 노란 고갱이(배추속대)에 통 소금을 슬렁슬렁 뿌려 소쿠리에 착착 쟁여 놓아 밤샘하고 나면 알맞게 절여지면서 숨이 죽는다. 소금 먹은 배추를 맹물로 깨끗이 씻은 다음, 온갖 김장거리를 매매 버무린 김칫소를 배춧잎 한 장 한 장 들쳐 가면서, 속속들이 싹싹 문질러 집어넣고, 퍼런 겉잎을 펴서 돌돌 감아 김치 그릇에 차곡차곡, 꼭꼭 눌러 담는다.

배추 잎사귀에 묻은 미생물은 짜디짠 소금에 거의 죽어 버리지만 염분에 잘 견디는 내염성 세균(耐鹽性細菌)인 유산균들이 살아남아 김치 발효를 도맡는다. 김치를 김칫독에 넣고 김칫돌로 꼭꼭 눌러 담는다. 이는 김치에 사는 유산균들은 산소가 있으면 되레 죽어 버리는 혐기성 세균(嫌氣性細菌)이기에 공기를 빼 버리는 것으로, 김칫독은 응당 서늘한 응달에 묻는다. 따라서 김치는 과학이요, 손끝 매운 주부들은 정녕 화학자들이시다! 여기까지 아울러 보면, 김치 유산균들은 짠맛에 강하고, 공기를 싫어하며, 저온을 좋아함을 알았다.

이제 젖산균이 신나게 불어나니, 이때는 다른 미생물은 맥 못 추고 유산균들만 득실득실 판을 치니 말 그대로 유산균 세상이다. 김치가 곰삭으면서 유산균이 유기산(有機酸)을 많이 내놓으니 그것이 특유한 감칠맛과 산뜻한 향이며, 발효하면서 생긴 이산화탄소가 김칫국물에 녹아 탄산이 되어 톡 쏘는 맛이 난다. 그런데 여기 김칫독의 유산균들은 풀, 설탕 등 먹을거리가 천지이지만, 맹탕인 물김치, 열무김치, 깍두기 들에는 꼭 밀가루와 쌀풀을 쑤어 넣으니 유산균 번식에 쓰이는 배지(培地, medium)다.

농익은 김치에는 유익한 유산균이 99퍼센트요, 딴 미생물이 1퍼센트 정도란다. 숙성한 김칫독 유산균이 어느 순간 시들시들 맥 못 추고, 대신 여태 옴짝달싹 못하던 세균, 효모가 득세하면서 군내 나고 골마지가 끼면서 김칫국물이 초가 되니 일종의 부패다. 그러므로 아주 시어 빠진 묵은 김치에는 유산균이 도통 없다.

이제 우리나라 인구가 절반 넘게 아파트에 살지 않을까. 하여 땅에 묻은 김칫독 속의 온도가 겨울 내내 변하지 않고 섭씨 영하 1도 근방을 유지한다는 것을 알아채고 흉내 낸 것이 세상에 둘도 없는 기찬 김치냉장고다. 하긴 여느 발명품치고 필요의 산물에, 자연을 모방하지 않은 것 없다.

그렇다. 김치란 말만 들어도 이리도 침이 동하는 것은 분명 오랜 세월 이어 온 조상의 숨결이 서린 김치 DNA 탓이렷다. 어릴 적에 먹어 보지 않은 음식은 커서도 꺼리기 마련이니 자라는 아이들에게 김치를 자주 먹여 인이 박히게 해 줄 것이다. 김치 또한 귀중한 우리 문화 유산이기에 말이다.

어머니의 미토콘드리아,
이 내 몸에 있나이다

미토콘드리아, mitochondria

한 사람(몸)의 세포는 학자에 따라 의견이(37조 개, 70조 개 등등) 분분하지만 어림잡아 100조(10^{14})개로 친다. 사람의 세포는 가장 중심에 46개의 염색체(유전 인자, DNA)가 들어 있는 핵(核)과 그 언저리에 세포질(細胞質), 제일 겉에 세포막(細胞膜)이 둘러싸고 있으며, 세포질에는 미토콘드리아, 리보솜, 소포체, 골지체 따위의 여러 세포 소기관(細胞小器官)이 있다. 이것들 중에서 미토콘드리아를 본다.

미토콘드리아(mitochondria, 여기서 'mito'는 실, 'chondrion'은 알갱이란 뜻을 지녔다.)는 애써 먹은 음식과 힘들게 숨 쉰 산소(O_2)의 종착역이다. 미토콘드리아에서는 소장에서 흡수한 포도당과 지방산, 아미노산 같은 영양소가 적혈구가 운반해 온 산소와 산화하여 에너지(ATP)와 열, 이산화탄소(CO_2)를 만들어 내기에 이를 구연산 회로(TCA cycle) 또는 크레브스 회로

(Krebs cycle)라 하고, 그것을 '세포 발전소', '세포 난로'라 부른다. 재언하면 체력과 체열은 미토콘드리아에서 비롯한다.

뜬금없는 소리로 들리겠지만, 약 15억 년 전에 호기성 세균(好氣性細菌)이 핵을 가진 진핵세포에 꼽사리 끼어 함께 지내게 된 것이 미토콘드리아라 하니, 말해서 세포 내 공생설이다. 고작 0.5~1마이크로미터인 미토콘드리아를 자현미경으로 보면 거의가 길쭉한 막대나 강낭콩, 소시지 모양을 하고, 세포마다 수명이 제각기 달라(적혈구는 120일, 상피세포는 7일, 미토콘드리아는 10일이다.) 미토콘드리아도 나날이 생멸(生滅)을 되풀이한다. 그리고 미토콘드리아는 독자적인 유전 물질(DNA)을 가지고 있어서 숙주 세포와 무관하게 세균처럼 이분법으로 분열하고, 꼴을 바꾸면서 아예 이동까지도 한다.

또 세포마다 미토콘드리아의 수도 달라 적혈구에는 이것이 숫제 없고, 대사 기능이 활발한 간(肝) 세포에는 무려 1,000~2,000개(세포의 25퍼센트를 차지한다.)나 들었다. 그런데 운동은 심폐 기능, 근육 탄력성, 적혈구 증가뿐만 아니라 미토콘드리아를 네댓 배 늘린다고 하니 운동을 해야 하는 까닭을 여기서도 찾는다.

0.1밀리미터 남짓한 난자는 염색체를 가진 난핵(卵核), 세포질, (30만 개의 미토콘드리아와 모든 세포 소기관이 들어 있다.) 세포막을 가진 어엿한 정상 세포다. 하지만 겨우 0.06밀리미터밖에 안 되는 정자는 정핵(精核)과 꼬리(편모), 꼬리 운동에 에너지를 주는 150여 개의 나선형(螺旋形) 미토콘드리아 말고는 도통 세포질이 없는 이상야릇한 비정상 세포다. 헌데 난자와

정자가 수정하면 정자의 미토콘드리아를 난자가 송두리째 부숴 버려 마침내 수정란에는 고스란히 난자 것만 남는다.

결국 우리들 체세포는 핵 속 23개의 정자 염색체 빼고는 죄다 난자 (모계)의 핵과 세포질, 세포막이라 이런 내림을 모계 유전 또는 세포질 유전이라 한다. 그러므로 미토콘드리아도 단연코 어머니(모계)의 것이고, 어머니는 그것들을 어머니의 어머니(외조모)에게서 받았다. 하여 이모와 외삼촌 미토콘드리아가 엄마와 같고, 따라서 내 것과도 몽땅 서로 일치한다. 허허, 그래서 아비(부계)는 생물학적으로 허깨비나 다름없는 셈이요, 이런 점에서 외가와 모계 씨족 사회의 의미를 되새겨 볼 만하다. 흔히 말하는 유전(遺傳)이란 세포질이 아닌 핵의 유전자가 대물림하는 것으로, 그런 까닭에 저마다 부모를 반반씩 어슷비슷 닮는다. 힘과 열의 본산인 미토콘드리아에서 사무치는 모정을 헤아려 봐도 좋을 듯싶다. 어머니, 당신은 가셨지만 당신의 미토콘드리아가 이 내 몸 세포 하나하나에 오롯이 담겨 있나이다.

생명의 이름

배꼽 이야기

배꼽, navel

"배꼽 빼다."라거나 "배꼽 쥐다."라는 말은 하는 짓이 하도 어이가 없거나 어린아이 장난 같아서 가소롭기 짝이 없을 때를 말하고, 아이를 낳은 뒤에 탯줄을 끊는 것을 "삼 가르다." 하며, "배꼽도 덜 떨어지다."라는 말은 막 끊은 탯줄 자국이 채 떨어지지 않은 어린애를 칭하고, 무엇을 잔뜩 붙잡을 때 "탯줄 잡듯 한다."고 한다. 이렇게 배꼽과 탯줄은 떼려야 뗄 수 없는 관계다.

탯줄을 먼저 논하는 것이 순서이겠다. 탯줄(어려운 말로 제대(臍帶)라고 한다.)은 한마디로 모체 자궁의 태반과 태아의 배꼽을 잇는 굵은 줄(띠)로 모체에서 공급되는 산소와 영양분, 비타민, 호르몬 들이 든 피가 지나는 길이다. 태아의 먹이인 이것들이 태아의 전신을 도는 태아 순환을 하고, 그 끝에 만들어진 이산화탄소나 요소 등의 태아 대사산물(노폐물)

이 제대를 통해 고스란히 모체로 든다. 말해서 모자일체(母子一體)다!

　태반(胎盤)은 태아의 장막(漿膜)과 임신부의 자궁(새끼보) 내벽이 합쳐져 형성되고, 탯줄은 '생명의 뿌리'인 태아가 5주 될 즈음에 만들어지기 시작한다. 알다시피 태반에서 양분을 얻어 새끼가 되어 태어나는 태생 동물은 오직 포유동물뿐인데 당연히 사람도 태생한다. 때문에 젖빨이동물에만 탯줄 자국인 배꼽(navel, 한자로는 제(臍)라고 한다.)이 있으며, 사람은 그 흉터가 썩 또렷하지만, 동물에 따라 납작하거나 밋밋하고, 가는 금 같거나 털에 가려 거의 보이지 않는 것도 있다. 저런? 다른 동물들은 새끼를 낳자마자 탯줄을 입으로 깨물어 자르고, 태반을 서둘러 먹어 치우니 이는 태가 양분이 되는 것은 물론이요, 포식자들이 냄새를 맡고 달려드는 것을 방비하자는 생존 전략이 된다. 영검한 어미들이다!

　그리고 탯줄에 든 혈액을 제대혈(臍帶血, cord blood)이라 하는데, 거기엔 미숙하고 분화하지 않은 줄기세포(stem cell)가 들어 있어 여러 각도로 쓸 수 있다. 함께 들어 있는 혈액을 만드는 조혈 모세포(造血母細胞) 또한 혈액 질환, 골수 이식 등에 쓴다.

　탯줄은 지름이 약 2센티미터, 길이 50센티미터 정도로 두 개의 동맥과 한 개의 정맥이 지나며, 빨리 자라는 정맥이 동맥 주위를 돌돌 감기 때문에 대부분 왼쪽 방향으로 구불구불 꼬인다. 분만 후 2분 이내에 탯줄 박동(고동)이 멈추며, 서둘러 탯줄을 칭칭 동여매고 가까이를 절단하는데, 동여맴이 늦어지면 태반에서 신생아로 지나치게 혈액이 유입

　　　　　　　　　　　　　　　　　　　생명의 이름

되어 여러 부작용이 생긴다고 한다. 또 해산(解産)하고 10~30분 사이에 임산부의 태반과 거기에 붙은 나머지 탯줄이 자궁에서 탈락하니 이를 후산(後産)이라 한다. 이렇게 태어남은 마무리된다.

탯줄을 자르고 나면 다들 안절부절못한다. 네 다리를 발짝거리며 기를 쓰고 들입다 내지르는 갓난아기의 첫 울음소리인 고고지성(呱呱之聲)이 다부지고 세차면 튼실한 아이다. 으앙, 으앙, 으앙! 여태 양수(羊水, 모래집물)에 잠겨 있어 쭈그러든 풍선 같았던 허파를 확, 쫙 펴게 하는 것이 이 소리 지르기다. 갓난이가 '희미한 모기 소리'를 내거나 숫제 울지 않으면 어떤 일이 일어나는지 알 것이다. 여태 탯줄을 통해 엄마의 산소와 양분 들을 얻었지만 이제 막 탯줄이 잘렸으니 비로소 숨통이 막히고 말았다. 하여 이젠 제가 알아서 숨을 쉬어야 한다. '죽을 힘'을 다해 울어 젖히는 순간 지금껏 우심방에서 좌심방으로 흐르던 구멍(난원공(卵円孔)이라고 한다.)이 막히는 등 신체에 여러 생리적 변화가 일어나며, 이런 구멍 하나만 제대로 막히지 못해도 심장판막증이 되고 만다. 정녕 나도 고함지르며 이렇게 태어났고, 2~3일 안에 태변(배내똥)을 쌌고……. 낯설고 물 선 이승에 당신은 태어났소이다! 축하하면서, 이제 산전 수전 공중전 다 겪어야 하는 험난한 앞길이 그대를 기다리고 있다.

이제 배꼽 이야기 차례다. 배꼽은 난황낭(卵黃囊)과 요막(尿膜)에서 만들어지고, 신생아에 붙어 있던 탯줄이 떨어지면서 생긴 흉터 자리다. 달이 차 만삭이 가까워 오면 임부의 배꼽도 따라서 볼록 튀어나온다. 마땅히 작아야 할 것이 더 크거나, 적어야 할 것이 많아 주객이 전도될 때 "배보다 배꼽이 더 크다." 하지. 배를 쑥 내밀고 두 팔 흔들며 걸어가는 생명을 잉태한 임부(妊婦)의 모습이라니! 무엇이 이보다 더 아름다울 수 있겠는가.

그런데 극도로 영양 상태가 좋지 않은 어린아이들도 배불뚝이가 되니, 몸에 물이 차는 부종(浮腫)인 물배다. 물은 저장액(저농도)에서 고장액(고농도) 쪽으로 스며드는(삼투) 성질이 있으니, 핏줄 속에 혈장 단백질이 부족하여 (저농도) 조직의 체액을 빼내지 못하고 몸에 물이 고인 것이 부종이며, 간이 좋지 않아도 마찬가지로 혈중 단백질 부족으로 복수(腹水)가 차니 그럴 때 알부민 단백질을 주사하여 혈액 농도를 올려 줘 체액을 뽑아낸다.

배꼽은 일종의 흔적 기관으로 특별히 수행하는 기능은 없다. 배꼽은 '배꼽유두'와 '배꼽테'로 나뉘는데, 배꼽유두는 피하 조직이 약해 배꼽 가운데가 불쑥 올라온 부위를 말하며, 배꼽테는 배꼽유두의 테두리 부위(배꼽노리)를 이르는 것으로, 통상 생후 며칠 지나면 배꼽노리가 좁아지게 되는데, 그렇지 못하고 널찍이 남아 있으면서 배꼽 탈장을 일으키는 수가 있다.

어릴 적에 여름 빼고는 목욕을 거의 못한지라 배꼽에 쇠똥 같은 때가 끼니 그것을 손톱이나 작은 꼬챙이로 발라내곤 하였지. 고개 내려 처박고 배꼽 때를 빼내다가 엄마한테 들켜 혼쭐나곤 하였으니, 우리 어머니도 배꼽자리가 얇고 여린 조직임을 알고 계셨던 것. 나 또한 그때만 해도 하도 빼빼해 배꼽이 불룩 '나온 배꼽(outie navel)'이라 그 짓을

생명의 이름

하였는데 나이 먹어 뱃살이 뒤룩뒤룩 붙으니 옴폭 '든 배꼽(innie navel)' 이 되고 말았다. 이걸 '즐거운 비명'이라 해야 하나? 실은 비만에 따른 대사 증후군이란 판정을 받고 소식(小食)에 운동으로 군살 빼기에 죽을 맛이다. 두 번 살아 볼 수 없는 하나뿐인 몸인지라······.

옛날부터 배꼽을 몸의 정중심부라 '생명의 자리'로 봤으며, 바로 아래에 단전(丹田)이 있으니 건강하려면 배꼽을 수련하고 늘 따뜻하게 하라 한다.

딱 그렇다. 식물 열매의 꽃받침이 붙었던 자리도 배꼽이다. 이를테면 사과 꼭지(탯줄)가 사과나무(모체)와 사과 열매(태아)를 이어 주는 양분이 지나가는 길이요, 깊게 움푹 파인 사과 배꼽이 청상 내 배꼽이로다. 암튼 사람(동물)과 사과(식물)가 쏙 빼닮았다!

사물을 정확히 보고 싶으면 시를 쓰라 하였겠다. 속절없이 사과 되어 사과를 바라보는 적심(赤心)이 바로 시심(詩心)인 것을! 이래저래 배꼽 만큼 남은 앞날을 배꼽 덜 떨어진 철부지로 살아 보리라.

맺음말

나를 아는 몇몇 선배들께서는 나이 팔십 줄에 든 노생(1940년생이다.)이 꾸준히도 글을 쓴다면서 좀 쉬엄쉬엄하라고 조언한다. 고마운 말씀이다. 그런데 나는 천성이 뭔가 일을 하지 않고는 못 배기는 성미인지라 밥만 먹으면 글방(서재)에 나와 온종일 컴퓨터 앞에 붙어산다.

한 사람의 필력(筆力)에 그 사람의 건강이 보인다는 말을 들은 적이 있다. 맞는 말이다. 무엇보다 건강하기에 글을 쓴다. 몸이 성치 못하면 매사 게을러지고, 싫어지니 글이고 뭐고 눈에 드는 것이 있을 리 만무하다. 이런 귀한 건강 재산을 주신 부모님이 너무 고맙다.

주야장천 이렇게 힘든 글쓰기를 누가 시켜 하릴없이 쓴다면 죽어도 못 할 일로 당장 때려치웠을 것이다. 그러나 억지로 하는 것이 아니라 마냥 즐거워서 하는 일이기에 가능한 것. 늙어 심심하고 지루하게 시간 죽이기에 매달린 주변 노인들에 비해 참 복을 탄 사람이라 하겠다. 무엇보다 이것저것 글감들을 찾아서 글쓰기에 몰입하고 있노라면 잡념이 생길 틈이 없을뿐더러 시간 가는 줄을 모른다. "바쁜 꿀벌은 아플 틈이 없다."고 했던가.

우리 집 가훈이 '잡을 손, 잡힐 손'이다. 남을 잡아 줄 수 있는 손이 될 것이고, 누구나 너의 손을 잡아 주는 그런 손이 되라는 말인데 한마디로 언제 어디서나 꼭 있어야 하는 '필요한 사람'이 되라는 뜻이다. 그래서 나도 그런 사람이 되겠노라고 늘 부지런히 맡은 일을 한눈팔지 않고 열심히 해 왔다.

어느새 오후 산책 시간이 닥친다. 길을 걷기 전에 비탈 텃밭을 들른다. 봄에는 밭을 갈고 씨를 뿌리고, 여름에는 구석구석 살피고 가꾸기를 게을리 않는다. 이렇게 촌놈은 늘 밭에서 심전(心田)을 가꾼다. 밭은 나의 심신을 갈고 닦는 곳이기에 말이다. 밭에서 온갖 곡식이나 남새만 얻는 것이 아니라 기름진 글감을 노다지로 캔다. 한마디로 글 농사와 밭 농사가 나의 모두렷다.

밭일을 끝내고 나면 스무 해 넘게 산등성이를 한 시간 넘게 늘 걷는다. 걷다가 힘이 남으면 중간 중간 가벼운 뜀뛰기를 섞는다. 알고 보면 그냥 걷고만 있는 게 아니다. 막 손 놓고 나온 글을 되새기다 보면 빠진 것이나 더할 것이 번뜩번뜩 떠오른다. 그것 말고도 숲길의 푸나무나 벌레, 날짐승 들에서 새로운 글거리를 찾는다! 말해서 꿩 먹고 알 먹기로 건강을 얻고 글을 짓는다.

생명의 이름

씨알도 안 먹히는 책을 또 낸다. 누가 뭐라 해도 이 '생물 글'은 내가 해야 하는 일이라 사는 동안 꾸준히 쓸 참이다. 후손들에게 조금이나마 도움이 된다면 기꺼이 더 많은 땀을 흘릴 것이다. 젊어 흘리지 않은 기름땀은 늙어 피눈물이 된다 했던가?

찾아보기

생명의 이름

생명의 이름

1판 1쇄 찍음 2018년 1월 5일
1판 1쇄 펴냄 2018년 1월 12일

지은이 권오길
펴낸이 박상준
펴낸곳 (주)사이언스북스

출판등록 1997. 3. 24.(제16-1444호)
(06027) 서울특별시 강남구 도산대로1길 62
대표전화 515-2000 팩시밀리 515-2007
편집부 517-4263 팩시밀리 515-2329
www.sciencebooks.co.kr

ⓒ 권오길, 2018. Printed in Seoul, Korea.

ISBN 978-89-8371-889-1 03470